機械工学基礎課程

制御工学
−古典制御からロバスト制御へ−

佐伯正美 [著]

朝倉書店

まえがき

　制御工学は制御対象に望ましい動きをさせるための概念と原理を探求しており，フィードバック制御系の解析や設計が主に扱われている．制御対象は電気，機械，化学など幅広い分野にある．センサ，アクチュエータ，コンピュータなど，自動制御系を構成するための要素の技術進歩は目覚ましく，これらを組み合わせて高度な機能を実現できる時代になった．そのためには要素を有機的に組み合わせ，適切に制御することが重要であり，制御工学の知識が必要である．

　制御工学の講義では，古典制御と現代制御を学び，その後，必要に応じて，より専門性の高いロバスト制御や非線形制御などを学ぶ．古典制御では周波数応答に基づく制御系の概念や解析と設計法を学び，現代制御では状態方程式に基づく時間領域の制御系の概念や最適設計法を学ぶ．周波数領域と時間領域の概念はお互いに深い関係があり，制御工学を支える両輪である．

　古典制御は1入力1出力系に限られるが，その評価指標は制御系の特性を理解するために実用性も高く，現代制御も古典制御の評価指標から見ることでより深く理解できる．古典制御はコンピュータが未発達の1950年ごろまでに体系化され，少ない計算で制御系の特徴を把握する考え方であり，作図による制御系設計法が用いられる．これに対して，現代制御は多入力多出力系にも適用でき，最適制御の厳密解法が与えられており，コンピュータに適した解析設計アルゴリズム開発の基礎となっている．ロバスト制御では，古典制御の評価指標に基づく最適制御問題に対し，現代制御を基礎とした最適解が与えられている．

　本書は古典制御の教科内容を理解することを主目的としているが，ロバスト制御への接続を考慮して，古典制御で理解できる範囲のロバスト制御の内容を加味することとした．古典制御の前半の内容として，1章から5章までが基礎事項，6章から8章がフィードバック制御系の基本的性質，9章では伝達関数に基づく制

御系設計法を述べた．古典制御の後半の内容として，10章から12章までは周波数応答の導入とそれによる解析法を述べ，13章では周波数応答に基づく制御系設計法を述べた．ロバスト制御の内容は，11.3節のロバスト安定解析，12.1節の感度関数と相補感度関数による評価，13.2節のパラメータ平面法によるPID制御器の設計で述べている．

なお，13章では，まず，古典制御の標準的な設計法を述べた．つぎに，ロバスト制御系設計法の1つであるPID制御器のパラメータ平面設計法を述べ，その数値例で用いたMATLABプログラムを付録につけた．この方法は古典制御の知識で理解でき，古典制御の制御器設計法では試行錯誤が要求されるのに対し，PID制御器の設計を系統的に行え，実用性も高いと思われるので含めることにした．

本書は，大学工学部や高等専門学校の学生のための制御工学の教科書や参考書として利用でき，古典制御からロバスト制御への理解を深めたい技術者のための参考書として有用と思われる．

本書の原稿について有益なコメントを頂いた東京工業大学の井村順一先生，広島大学の制御工学研究室の和田信敬先生と佐藤訓志先生，および，数値例のチェックなどお願いした研究室の学生諸君に心から感謝いたします．また，本書の出版にあたり大変お世話になった朝倉書店の編集部にお礼を申し上げます．

2013年2月

佐伯正美

目　　次

1. はじめに ……………………………………………………………… 1
   1.1 制御対象とフィードバック制御 ………………………………… 1
   1.2 フィードバック制御系の構成 …………………………………… 3
   1.3 本書で学ぶこと …………………………………………………… 5
   1.4 制　御　工　学 …………………………………………………… 7

2. ラプラス変換と逆ラプラス変換 …………………………………… 9
   2.1 複　素　数 ………………………………………………………… 9
   2.2 ラプラス変換 ……………………………………………………… 13
       2.2.1 ラプラス変換の定義 ………………………………………… 13
       2.2.2 代表的な信号のラプラス変換 ……………………………… 14
       2.2.3 ラプラス変換の性質 ………………………………………… 17
       2.2.4 ラプラス変換表によるラプラス変換 ……………………… 21
   2.3 逆ラプラス変換 …………………………………………………… 22
       2.3.1 部分分数展開による方法 …………………………………… 22
       2.3.2 展開係数の計算法 …………………………………………… 23

3. 時間応答と伝達関数 ………………………………………………… 28
   3.1 ラプラス変換法による時間応答の計算 ………………………… 28
   3.2 伝　達　関　数 …………………………………………………… 32
   3.3 基本的な入出力応答 ……………………………………………… 34
   3.4 標準1次遅れ系と標準2次遅れ系のステップ応答 …………… 36
       3.4.1 標準1次遅れ系のステップ応答 …………………………… 36
       3.4.2 標準2次遅れ系のステップ応答 …………………………… 37

3.4.3　伝達関数の s のスケール変換とステップ応答 ………………… 40
　3.5　入出力応答とたたみ込み積分 ……………………………………… 40

4. 制御対象と制御器の伝達関数 …………………………………… 43
　4.1　制御対象のモデルと伝達関数 ……………………………………… 43
　　4.1.1　機械システム ……………………………………………… 44
　　4.1.2　電気回路 …………………………………………………… 46
　　4.1.3　直流サーボモータ ………………………………………… 49
　　4.1.4　プロセス制御のモデル …………………………………… 50
　4.2　制御器の伝達関数 …………………………………………………… 50
　　4.2.1　PID 制御器 ………………………………………………… 51
　　4.2.2　位相進み・位相遅れ補償器 ……………………………… 53

5. ブロック線図とシステム表現 …………………………………… 55
　5.1　ブロック線図の規則と結合系 ……………………………………… 55
　5.2　フィードバック制御系の閉ループ伝達関数 ……………………… 60
　5.3　フィードバック制御系の時間応答の計算 ………………………… 62

6. フィードバック系の安定性 ……………………………………… 65
　6.1　システムの安定性 …………………………………………………… 65
　6.2　結合系の安定条件 …………………………………………………… 67
　　6.2.1　直列・並列結合の場合 …………………………………… 68
　　6.2.2　フィードバック結合の場合 ……………………………… 68
　　6.2.3　極零点消去とフィードバック系の安定性 ……………… 69

7. フィードバック制御系の定常特性 ……………………………… 73
　7.1　定常特性の評価 ……………………………………………………… 73
　7.2　ステップ目標値の場合 ……………………………………………… 74
　7.3　ランプ目標値や定加速度目標値の場合 …………………………… 76
　7.4　ステップ外乱の場合 ………………………………………………… 79

8. フィードバック制御系の過渡特性 ･･････････････････････････････ 82
8.1 ステップ目標値応答の評価指標 ･･････････････････････････ 82
8.2 非最小位相系の過渡特性 ･･････････････････････････････ 84
8.3 望ましい極配置と代表極 ･･････････････････････････････ 85

9. 伝達関数に基づくフィードバック制御系の安定解析と制御器設計 ･････ 90
9.1 ラウスの安定判別法 ･･････････････････････････････････ 90
9.2 根軌跡法と制御器の設計 ･･････････････････････････････ 93
9.2.1 根軌跡法 ･･････････････････････････････････････ 93
9.2.2 設計例 ･･････････････････････････････････････ 97
9.3 モデルマッチングによる制御器の設計 ････････････････････ 100
9.3.1 モータのPID制御 ････････････････････････････････ 100
9.3.2 2自由度制御系 ････････････････････････････････ 104

10. 周波数応答による動特性表現 ･･････････････････････････････ 107
10.1 周波数応答 ･･････････････････････････････････････ 107
10.2 周波数応答の図示 ････････････････････････････････ 111
10.2.1 ベクトル軌跡 ････････････････････････････････ 113
10.2.2 ボード線図 ････････････････････････････････ 116
10.3 伝達関数の積のボード線図の作図 ････････････････････ 123

11. 周波数応答によるフィードバック制御系の安定解析 ･･････････････ 126
11.1 ナイキストの安定判別 ･･････････････････････････････ 126
11.1.1 ナイキストの安定判別法 ････････････････････････ 126
11.1.2 ナイキストの安定条件の導出 ････････････････････ 130
11.1.3 一巡伝達関数が虚軸上に極を持つ場合 ････････････ 132
11.2 ゲイン余裕, 位相余裕, 安定余裕 ････････････････････ 133
11.2.1 ゲイン余裕 ････････････････････････････････ 134
11.2.2 位相余裕 ････････････････････････････････ 134
11.2.3 安定余裕 ････････････････････････････････ 139
11.3 ロバスト安定解析 ････････････････････････････････ 140

11.3.1　モデル誤差とロバスト性 ……………………………… 140
　　　11.3.2　モデル集合 …………………………………………… 141
　　　11.3.3　ロバスト安定条件 …………………………………… 144

12. 制御性能の評価 ……………………………………………… 148
　12.1　感度関数と相補感度関数による評価 ……………………… 148
　　　12.1.1　制御偏差の評価 ……………………………………… 149
　　　12.1.2　低感度特性の評価 …………………………………… 149
　　　12.1.3　目標値応答の評価 …………………………………… 150
　　　12.1.4　安定余裕の評価 ……………………………………… 150
　　　12.1.5　ロバスト安定余裕の評価 …………………………… 151
　12.2　評価法のまとめ ……………………………………………… 151
　12.3　古典制御の一巡伝達関数による評価 ……………………… 154
　12.4　標準2次遅れ系による制御特性の評価指標 ……………… 156

13. 周波数応答に基づくフィードバック制御器の設計 …………… 161
　13.1　古典制御の位相進み・位相遅れ補償器の設計 …………… 161
　　　13.1.1　設　計　法 …………………………………………… 161
　　　13.1.2　設　計　例 …………………………………………… 164
　13.2　パラメータ平面法によるPID制御器の設計 ……………… 168
　　　13.2.1　設　計　仕　様 ……………………………………… 168
　　　13.2.2　設　計　法 …………………………………………… 169
　　　13.2.3　設　計　例 …………………………………………… 175

A．演習問題解答 …………………………………………………… 179
B．パラメータ平面法の数値例1と2で用いたMATLABプログラム … 189
C．参　考　文　献 ………………………………………………… 194

索　　引 ……………………………………………………………… 195

Chapter 1

はじめに

制御の目的とフィードバック制御の有用性を概説し,つぎに,本書の内容の概要を述べ,制御工学の歴史に言及する.

1.1 制御対象とフィードバック制御

制御の目的は,対象に操作を加えることにより望ましい動きをさせることであり,制御対象は機械,電気,通信,化学などの工学から生物や経済まで広い分野にある.エアコンの温度制御,自動車のエンジン制御,飛行機の姿勢制御,電力系統の電圧制御,化学プラントの温度や流量制御,製鉄所の鉄板の板厚制御,ロボットアームや歩行の運動制御など,制御技術は至るところで用いられている.

制御技術は省力化や高機能化(高精度,高速,高効率,安定化など)に不可欠の基礎技術である.センサ,コンピュータ,およびアクチュエータなどの制御に必要なハードウエアも高性能になってきているが,制御性能はコンピュータで実行される制御プログラムにも大きく依存している.制御技術はハードウエアの性能を最大限に生かすソフトウエア技術であり,制御工学は制御技術の基礎として重要である.

制御の意味を室温制御を用いて説明しよう.部屋のヒーターの出力レベルをつまみを動かすことで自由に設定できるとし,気温が 15°C のときに室温を 25°C に制御する場合を考えよう.出力レベルを適当に設定すると室温が上昇していくので,私たちは室温が 25°C より高くなると出力レベルを下げ,25°C より低くなれば出力レベルを上げるであろう.このような操作を人手で行う場合を**手動制御** (manual control) といい,機械に行わせる場合を**自動制御** (automatic control) という.

目標 → 判断 → 出力レベルの修正 → 室温 →

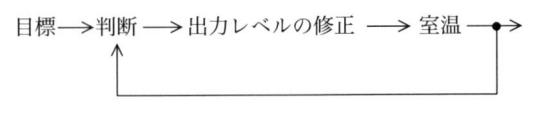

図 1.1 フィードバック制御による閉ループの形成

　また，操作手順から，上記の操作はフィードバック制御（feedback control）といわれる．フィードバック制御の特徴は，図 1.1 のように室温を温度計で読み取り出力レベルを修正することで，前向きと後ろ向きの経路による閉ループ（closed loop）が形成されることにある．この閉ループにより室温を 25°C に保つための室温計測と出力レベルの修正が繰り返される．温度が上がり過ぎると出力レベルを下げ，下がり過ぎると出力レベルを上げるので，これをネガティブフィードバック（negative feedback）という．これに対し，室温が 25°C を超えるとさらに出力レベルを上げる操作はポジティブフィードバック（positive feedback）といい，室温がいくらでも上昇する．通常，フィードバックといえばネガティブフィードバックを意味する．

　部屋の暖まりやすさは部屋の広さや壁の断熱の良さなどの部屋の特性に依存するが，それがよく分からない場合でもフィードバック制御を用いることで望ましい室温となるヒーターの出力レベル値が得られる．室温が気温変動やドアの開閉などの外的要因により変動しても，フィードバック制御により目標温度を回復できる．不確かな条件下で目標を達成するにはフィードバック制御が不可欠であることが知られている．ただし，フィードバック制御は室温が計測できない場合には適用できないし，計測時間が長過ぎる場合には修正が後手にまわり有効でない．

　目標温度を与えるヒーターの出力レベルが事前にある程度分かる場合には，先手を打って出力レベルを大雑把に設定し，室温が目標値からずれる場合に，そのずれを用いて出力レベルを微調整するのが合理的である．この事前の情報を用いて操作を決める部分をフィードフォワード制御（feedforward control）という．もちろん，フィードフォワード制御は気温が変動するなどの予想できない事態には無力であるので，ずれを用いてフィードバック制御により出力レベルを修正する必要がある．このフィードフォワード制御とフィードバック制御の両方を用い，これらの良さを生かす制御方式を **2 自由度制御系**（two degrees of freedom）という．

　フィードバック制御は便利であるが，使いこなすのは容易でない特徴がある．

ヒーターの出力レベルを変えるとその効果がしばらくして室温に現れる．車ではブレーキを踏むとその効果がしばらくして車速に現れる．このように操作とその効果の間に時間差の生じる対象を**動的システム**という．動的システムのフィードバック制御は複雑な挙動を示す．フィードバック制御では目標温度と室温との差を見て出力レベルを修正するが，なかなか室温が上がらないので出力レベルを大きくしてしまうと，しばらくして室温が目標値を大幅に行き過ぎてしまう．そこで，慌てて出力レベルを下げるとしばらくして室温が下がり過ぎてしまう．このような制御により，室温が振動したり，あたかもポジティブフィードバックしているように室温が発散したりする．

このようにフィードバック制御系の挙動は複雑であるので，直感と経験だけでは扱いが困難であり数学の手助けが必要である．エネルギーを蓄積し放出する対象は動的システムであり，運動方程式や熱の関係式などを用いると制御対象の応答特性が微分方程式で表される．微分方程式により制御対象の操作入力に対する応答が記述でき，これを制御対象の**数式モデル**（mathematical model）という．制御工学では数式モデルに対して解析と設計が行われる．

1.2 フィードバック制御系の構成

制御は対象に操作 u を加えて結果 y を得るので，この関係を，u を入力，y を出力として図 1.2 のような入出力関係，あるいは u を原因，y を結果として因果関係として捉える．入力や出力は時間 t の関数 $u(t), y(t)$ であり，**静的システム**（static system）は現時刻の入力 $u(t)$ で現時刻の出力 $y(t)$ が決まるシステムであり，動的システムは過去から現在までの入力 $u(\tau)$, $\tau \in (-\infty, t]$ で現時刻の出力 $y(t)$ が決まるシステムである．

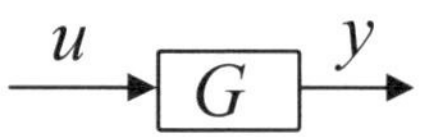

図 1.2　入出力関係

室温を快適な温度に保つために，図 1.3 のようなフィードバック系を構成する．制御問題を検討するときには，まず，「制御目標，制御量，操作量，目標値，外乱，測定雑音，アクチュエータ，センサ」を明確にすることが大切である．

制御目標：制御目的を達成するための具体的目標（室温を 25°C に保つ）
制御量 $y(t)$：制御対象の制御したい信号（室温）
操作量 $u(t)$：制御対象への入力信号（ヒーター出力を制御する指令信号）

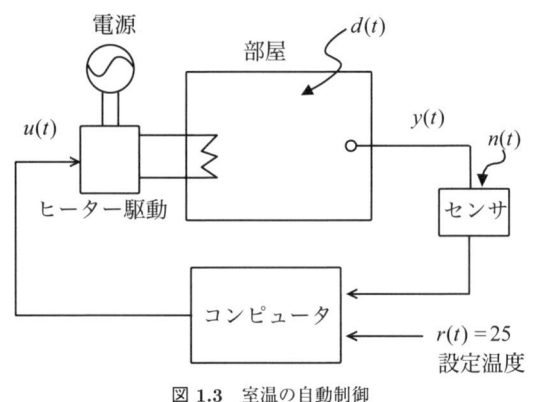

図 1.3 室温の自動制御

目標値 $r(t)$：制御量の目標設定値（室温の設定値）
外乱 $d(t)$（disturbance）：制御対象の状態を乱し目標達成を妨げる外部からの信号で，通常，測定不可（室外の気温変動，ドアの開閉による放熱などの悪影響）
測定雑音 $n(t)$（noise）：測定誤差を表す信号（温度測定に伴う誤差）
アクチュエータ（actuator）：操作量 $u(t)$ に従いパワー増幅し制御対象へ加える要素（ヒーター駆動装置は電力を制御しヒーターの発熱量を調整する）
センサ（sensor）：制御量を電気信号に変換する要素（温度センサ）

図 1.3 のフィードバック制御系における信号の流れを見てみよう．時々刻々変化する室温を計測し，測定値 $y(t)$ と設定値 $r(t)$ を用いて，ヒーターの出力レベルを制御する指令信号 $u(t)$ をコンピュータで決定し，指令信号に従いヒーターの駆動装置でヒーターへの供給電力が調整される．この調整により室温が変化するので，再び室温を計測する．上記の一連の操作を一定時間ごとに繰り返すので，フィードバック制御では信号がループ内を循環する．

さらに，このフィードバック制御系は図 1.4 のブロック線図（block diagram）で表現される．u, y, r は，それぞれ，制御入力（control input），出力（output），参照入力（reference input）といわれる．P は制御対象（プラント，plant）といわれ，この例ではヒーター駆動装置から部屋とセンサ出力までを制御対象として扱っている．K は制御器（コントローラ，controller）といわれ，このブロック線図では，偏差信号（error signal）$e(t) = r(t) - y(t)$ を用いて $u(t) = Ke(t)$ により入力 $u(t)$ を計算している．K が正定数のとき，室温が設定値より大きければ制御入力を減らし，逆に室温が設定値より小さければ制御入力を増やすので，こ

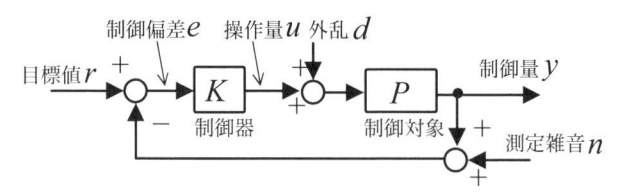

図 1.4 室温の自動制御系のブロック線図

れはネガティブフィードバック制御を表している．

つぎの目標値や制御量による制御方式の分類もよく用いられる．

1) **定値制御と追従制御**：定値制御は目標値が一定値であり，外乱が出力に及ぼす影響を抑制することを重視する制御である．追従制御は時間の経過とともに変化する目標値に出力を追従させることを重視する制御である．
2) **プロセス制御とサーボ機構**：プロセス制御（process control）は温度，圧力，流量などを制御量とする制御であり，サーボ機構（servomechanism）は物体の位置，角度，速度などを制御量とする制御である．
3) **シーケンス制御**：定められた順序や条件に従って行われる制御である．たとえば，自動炊飯器では加熱の制御に用いられている．

これまで取り上げてきた例は定値制御であり，プロセス制御である．

1.3 本書で学ぶこと

制御系の解析と設計のためには，制御対象の数式モデルを求め，制御系のシミュレーションや解析・設計を行う．本書ではこれらの具体的な方法を学ぶ．本節は本書を学習後に理解可能な内容ではあるが，より具体的なイメージを持っていただくために，室温制御系のモデルとシミュレーション例を紹介する．

まず，図 1.4 の制御対象の挙動を表す数式モデルを求める．すなわち，制御対象の特性を微分方程式で記述し，これをラプラス変換することで，入出力特性を表す伝達関数を求める．温度制御で操作入力 $u(t)$ と室温 $y(t)$ の関係を表す微分方程式を次式のように求め，

$$1000\frac{d^3y}{dt^3} + 320\frac{d^2y}{dt^2} + 28\frac{dy}{dt} + 0.8y = 4u(t) \tag{1.1}$$

これをラプラス変換することで，次式の制御対象の伝達関数 $P(s)$ を得る．

$$P(s) = \frac{4}{1000s^3 + 320s^2 + 28s + 0.8} \qquad (1.2)$$

ここに，複素変数 s は微分演算 d/dt を，$1/s$ は積分演算 $\int dt$ を表す．次式は産業界で広く用いられている PI 制御器の制御則とその伝達関数 $K(s)$ の例である．

$$u(t) = -\alpha \left\{ e(t) + 0.1 \int_0^t e(\tau)d\tau \right\} \qquad (1.3)$$

$$K(s) = \alpha \left(1 + \frac{0.1}{s} \right) \qquad (1.4)$$

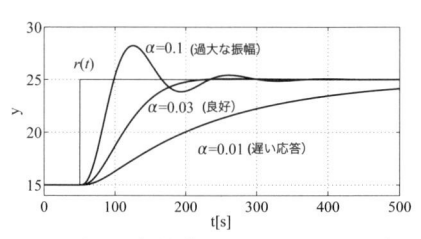

図 1.5 室温の自動制御のシミュレーション 1（目標値応答）

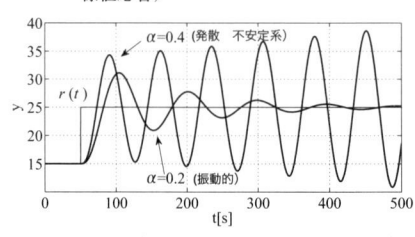

図 1.6 室温の自動制御のシミュレーション 2（目標値応答）

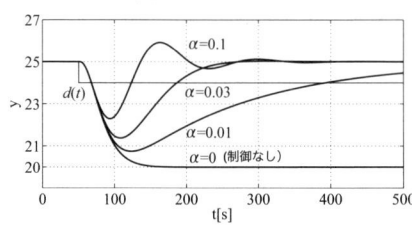

図 1.7 室温の自動制御のシミュレーション 3（外乱応答）

この制御則は偏差信号 $e(t)$ に対して比例と積分計算を行い，α は望ましい応答が得られるようにするための調整パラメータである．このような制御対象のモデルと制御器で表されたフィードバック制御系の数式モデルに対し，解析・設計や時間応答のシミュレーションが行われる．

図 1.4 の温度制御系で，現在の室温 15°C から 10°C ほど設定値 $r(t)$ を増加させたときの室温 $y(t)$ の時間応答，すなわち**目標値応答**をシミュレーションで調べてみよう．図 1.5 に調整パラメータ $\alpha = 0.01, 0.03, 0.1$ に対する目標値応答を示す．細い実線は目標値 $r(t) = 25°C$ である．α を大きくするにつれて，遅い応答，良好な応答，過渡的に振幅が過大な応答のように変化しており，十分に時間が経過すると設定値 25°C に近づいていく．

図 1.6 に調整パラメータ $\alpha = 0.2, 0.4$ に対する目標値応答を示す．$\alpha = 0.2$ では $y(t)$ がかなり振動的となり，$\alpha = 0.4$ では $y(t)$ が発散してしまう．発散しない場合をシステムが安定といい，発散する場合を不安定という．この例

からフィードバック制御系は安定から不安定まで1つのパラメータで容易に移行することが分かる．

つぎに，室温が25°Cのときにドアを開けることで室温が低下する場合の室温の時間応答を見てみよう．これは外乱 $d(t)$ に対する応答，外乱応答としてシミュレーションできる．図1.7で細い実線は外乱 $d(t)$ を示す．フィードバック制御を行わない $\alpha = 0$ の場合には，十分に時間がたつと室温が5°Cほど低下し室温が20°Cになる．ゲイン α を大きくすると，室温が25°Cに戻っており，外乱の影響が良好に抑制されている．

制御工学では，どのような条件のときにシステムの安定性が保たれ，速くかつ振動が少ない応答が達成されるのか，そのためには制御器をどう設計するかなどの制御問題が扱われる．また，数式モデルは実システムの近似であり，モデル誤差が常にあるので，設計で得られた制御性能が実システムで低下しない設計が必要である．そのようなシステムはロバスト（頑健）性（robust）を有するという．

本書では，上記が理解できるように，まえがきに述べた構成に従い，微分方程式からラプラス変換による伝達関数の導出，システムのブロック線図表現，フィードバック系の特性解析（安定性，定常特性，過渡特性，ロバスト安定性），伝達関数および周波数応答に基づく制御器設計について説明する．

1.4 制 御 工 学

制御工学では主にフィードバック制御系の特性解析と制御器設計が研究されている．それはフィードバック制御系では制御則により応答が振動的になったり，発散して危険な状況や機器が破壊されるなど複雑な現象が生じるからである．このようなリスクにかかわらずフィードバック制御が重用されるのは，制御対象の特性変動や外乱による不確かな状況下でも，高性能の達成や不安定な制御対象の安定化ができるからである．

最初に述べたように，制御は機械や電気などの広い分野に関わっている．初期には，個々の分野の制御問題が個別に研究されたが，制御問題や考え方に類似点が見られた．そこで，共通の問題を扱う研究分野が制御工学やシステム工学として現れた．現在では，制御工学で培われた手法を個々の分野に適用し，逆に，個々の分野から共通の問題を抽出し解決するという，相互関係が築かれている．

制御工学の歴史を手短に見ておこう．18 世紀の後半にジェームズ・ワットが蒸気機関の速度を一定に保つために考えた調速機が，フィードバック制御の応用として有名である．下記の年表で 1950 年ごろまでに開発された方法は古典制御といわれており，伝達関数や周波数応答に基づいて 1 入力 1 出力の制御系の設計解析を行う方法である．1950 年以降の状態方程式に基づく制御理論は現代制御理論といわれており，時間領域における評価関数の最適化を行う最適制御理論などが開発された．多入力多出力系が扱え，非線形制御系などへの展開の基礎となっている．1970 年代にコンピュータの普及に伴い現代制御理論が用いられはじめ，モデル誤差に対するロバスト性の重要性が再認識された．1980 年ごろからロバスト制御理論の研究が活発化し，H_∞ 制御理論が完成し，1990 年ごろから線形行列不等式による設計法などが得られた．

1769 年　ワット（J. Watt）の調速機による蒸気機関の速度制御
1868 年　マクスウェル（J.C. Maxwell）の速度制御系の安定性解析
1877 年　ラウス（E.J. Routh）の安定判別法
1932 年　ナイキスト（H. Nyquist）の安定判別法
1938 年　ボード（H.W. Bode）のフィードバック増幅器に関する研究
1948 年　エバンス（W.R. Evans）の根軌跡法
1956 年　ポントリャーギン（L.S. Pontryagin）の最大原理
1957 年　ベルマン（R. Bellman）のダイナミックプログラミング
1960 年　カルマン（R.E. Kalman）の最適制御とカルマンフィルタ
1989 年　H_∞ 制御理論

演 習 問 題

1.1 自動車で道路に沿って走る場合の人間を含む制御系を考察せよ．制御目標，操作量，制御量，外乱，アクチュエータ，センサ，雑音を述べよ．
1.2 制御の例を挙げ，どのような制御が使われているか説明せよ．
1.3 フィードバック制御はどのような場合に有用か，また，どのような場合に効果が期待できないかを説明せよ．

Chapter 2

ラプラス変換と逆ラプラス変換

　複素数，ラプラス変換，逆ラプラス変換は古典制御を学ぶ上での基礎であり，すべての章に関係している．本章では，信号のラプラス変換，ラプラス変換の性質，部分分数展開による逆ラプラス変換の方法をまとめた．これらの結果を利用して微分方程式の解法やシステム表現などを説明するので，結果と例を中心にして読まれればよい．すなわち，ラプラス変換表は制御で現れる信号とそのラプラス変換の関係を覚え，ラプラス変換の性質は一通り確認し，導出は省略してもよい．部分分数展開による逆ラプラス変換は例を中心に理解しておくとよい．

2.1 複　素　数

　虚数単位を $j = \sqrt{-1}$ と表し，$j \times j = -1$ を満たす．実数 a, b より作られる $z = a + jb$ を複素数（complex number）という．a を z の実部（real part）といい，$a = \mathrm{Re}\, z$ と表し，b を z の虚部（imaginary part）といい，$b = \mathrm{Im}\, z$ と表す．z の共役複素数（complex conjugate）は $\bar{z}$ で表し，$\bar{z} = a - jb$ で定義される．複素数には大小関係は考えない．$z = 0$ は $a = 0,\ b = 0$ に等価である．
　複素数の四則（加減乗除）を以下で定義する．

$$(a_1 + jb_1) + (a_2 + jb_2) = (a_1 + a_2) + j(b_1 + b_2) \tag{2.1}$$

$$(a_1 + jb_1) - (a_2 + jb_2) = (a_1 - a_2) + j(b_1 - b_2) \tag{2.2}$$

$$(a_1 + jb_1)(a_2 + jb_2) = (a_1 a_2 - b_1 b_2) + j(a_1 b_2 + b_1 a_2) \tag{2.3}$$

$$\frac{a_1 + jb_1}{a_2 + jb_2} = \frac{a_1 a_2 + b_1 b_2}{a_2^2 + b_2^2} + j\frac{-a_1 b_2 + b_1 a_2}{a_2^2 + b_2^2} \tag{2.4}$$

　複素平面（complex plane）は，$z = a + jb$ を平面上の点 (a, b) で表したものである．

図 2.1 のように，絶対値（absolute value）r は原点と点 (a, b) との距離であり，

$$r = |z| = \sqrt{z\bar{z}} = \sqrt{a^2 + b^2} \tag{2.5}$$

で与えられる．偏角（argument）θ は，実軸から反時計まわりを正方向にとり，

$$\angle z = \tan^{-1}\left(\frac{b}{a}\right) = \theta \tag{2.6}$$

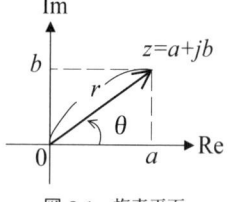

図 2.1 複素平面

で与えられる．$a = r\cos\theta$，$b = r\sin\theta$ であるから，つぎの**極形式**（polar form）で表せる．

$$z = r(\cos\theta + j\sin\theta) \tag{2.7}$$

また，**オイラーの公式**（Euler's formula）

$$e^{j\theta} = \cos\theta + j\sin\theta \tag{2.8}$$

を用いると，簡潔に

$$z = r\,e^{j\theta} = |z|e^{j\angle z} \tag{2.9}$$

と表される．

直交形式 $z = a + jb$ は加減算が容易であり，極形式 $z = r\,e^{j\theta}$ は乗算と除算が容易である．すなわち，

$$z = r(\cos\theta + j\sin\theta),\quad z' = r'(\cos\theta' + j\sin\theta') \tag{2.10}$$

と表すと，

$$zz' = rr'\{\cos(\theta + \theta') + j\sin(\theta + \theta')\} \tag{2.11}$$

$$\frac{z}{z'} = \frac{r}{r'}\{\cos(\theta - \theta') + j\sin(\theta - \theta')\} \tag{2.12}$$

が成り立つ．これらは，$z = re^{j\theta}$，$z' = r'e^{j\theta'}$ に対し，簡潔に

$$zz' = rr'e^{j(\theta+\theta')},\quad \frac{z}{z'} = \frac{r}{r'}e^{j(\theta-\theta')} \tag{2.13}$$

と表される．よって，絶対値や偏角は次式で計算できる．

$$|zz'| = |z||z'|, \quad \left|\frac{z}{z'}\right| = \frac{|z|}{|z'|} \tag{2.14}$$

$$\angle(zz') = \angle z + \angle z', \quad \angle\left(\frac{z}{z'}\right) = \angle z - \angle z' \tag{2.15}$$

共役複素数にはつぎの性質がある.

$$\overline{(z_1 + z_2)} = \bar{z}_1 + \bar{z}_2, \quad \overline{(z_1 z_2)} = \bar{z}_1 \bar{z}_2, \quad \overline{\left(\frac{z_1}{z_2}\right)} = \frac{\bar{z}_1}{\bar{z}_2}, \quad \overline{(\bar{z})} = z \tag{2.16}$$

例 2.1 以下の問いに答えよ.

1) $z_1 = -1 + j\sqrt{3}$, $z_2 = 1 + j$ の極形式を求めよ. さらに, $z_1 + z_2$, $z_1 - z_2$, z_1/z_2, $z_1^3 z_2^4$ を計算せよ.
2) $|z| = \sqrt{\bar{z}z}$ を示せ.
3) $z_1 = a_1 + jb_1$, $z_2 = a_2 + jb_2$ に対し, $|z_1 z_2|$, $\left|\frac{z_1}{z_2}\right|$ を求めよ.
4) $|e^{j\theta}| = 1$ を示せ.
5) オイラーの公式を用いて, $\sin 2\theta = 2\sin\theta\cos\theta$ を導け.
6) $z = 1/(a + jb)$ の実部と虚部を求めよ.
7) $\operatorname{Re} s < 0$ の s に対し, $|e^{st}| \to 0 \, (t \to \infty)$ を示せ.
8) つぎの多項式の方程式の係数を実数とする. $s = a + jb$ が根であれば, 共役複素数 $\bar{s} = a - jb$ も根であることを示せ.

$$s^n + a_1 s^{n-1} + a_2 s^{n-2} + \cdots + a_{n-1} s + a_n = 0 \tag{2.17}$$

解)

1) 絶対値は, $|z| = \sqrt{a^2 + b^2}$ であるので, $|z_1| = 2$, $|z_2| = \sqrt{2}$ である. 偏角は, z_1, z_2 を複素平面に描き, θ を求めると, $\theta_1 = \frac{2}{3}\pi$, $\theta_2 = \frac{1}{4}\pi$ である (図 2.2). よって, $z_1 = 2e^{j\frac{2}{3}\pi}$, $z_2 = \sqrt{2}e^{j\frac{1}{4}\pi}$ である.

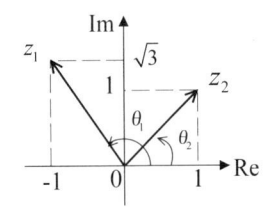

図 2.2 偏角の計算

加減算に直交形式，乗除算に極形式を用いると，ただちに，

$$z_1 + z_2 = (-1+1) + j(\sqrt{3}+1) \approx j2.732$$

$$z_1 - z_2 = (-1-1) + j(\sqrt{3}-1) \approx -2 + j0.732$$

$$\frac{z_1}{z_2} = \frac{2}{\sqrt{2}} e^{j(\frac{2}{3}\pi - \frac{1}{4}\pi)} \approx 0.3660 + j1.3660$$

$$z_1^3 z_2^4 = 32 e^{j3\pi} = -32$$

2) $z = a + jb$ とおくと，$\bar{z}z = (a-jb)(a+jb) = a^2 + b^2$ より，明らかである．

3)
$$|z_1 z_2| = |z_1||z_2| = \sqrt{a_1^2 + b_1^2}\sqrt{a_2^2 + b_2^2}$$

$$\left|\frac{z_1}{z_2}\right| = \frac{|z_1|}{|z_2|} = \frac{\sqrt{a_1^2 + b_1^2}}{\sqrt{a_2^2 + b_2^2}}$$

4)
$$|e^{j\theta}| = |\cos\theta + j\sin\theta| = \sqrt{\cos^2\theta + \sin^2\theta} = 1$$

5)
$$\sin 2\theta = \mathrm{Im}\{e^{j2\theta}\} = \mathrm{Im}\{(\cos\theta + j\sin\theta)^2\} = 2\sin\theta\cos\theta$$

6) $a - jb$ を分母と分子に乗じると，

$$z = \frac{a-jb}{(a-jb)(a+jb)} = \frac{a-jb}{a^2+b^2} = \frac{a}{a^2+b^2} + j\frac{-b}{a^2+b^2}$$

7) $s = \sigma + j\omega$ とおくと，$e^{st} = e^{\sigma t} e^{j\omega t}$ であり，この絶対値をとると，

$$|e^{st}| = |e^{\sigma t}||e^{j\omega t}| = e^{\sigma t}$$

$\sigma < 0$ のとき，$e^{\sigma t} \to 0 (t \to \infty)$ であるので，示された．

8) 方程式の共役をとれば，係数 $a_i,\ i = 1, 2, \cdots, n$ が実数なので

$$\overline{s^n + a_1 s^{n-1} + a_2 s^{n-2} + \cdots + a_{n-1}s + a_n}$$
$$= \bar{s}^n + a_1 \bar{s}^{n-1} + a_2 \bar{s}^{n-2} + \cdots + a_{n-1}\bar{s} + a_n = 0$$

より，$\bar{s}$ も方程式を満たす．

2.2 ラプラス変換

2.2.1 ラプラス変換の定義

信号 $x(t)$ に対して，

$$\int_0^\infty |x(t)|e^{-\sigma t}dt < \infty \tag{2.18}$$

が成り立つ $\sigma > 0$ が存在するとき，$x(t)$ はラプラス変換可能な関数という．$t \geq 0$ で $|x(t)| < Me^{\sigma t}$ を満たす M, σ があれば $x(t)$ はラプラス変換可能であるので，ほとんどの関数はラプラス変換可能である．本書で扱う信号はラプラス変換可能と考えてよい．

$x(t)$ のラプラス変換（Laplace transform）$X(s)$ は

$$X(s) = \int_0^\infty x(t)e^{-st}dt, \quad \text{Re } s \geq \sigma \tag{2.19}$$

で定義され，$X(s) = \mathcal{L}[x(t)]$ と略記する．s は複素数であり，e^{-st} を重み関数という．また，$X(s)$ から $x(t)$ への変換を逆ラプラス変換（inverse Laplace transform）といい，

$$x(t) = \frac{1}{2\pi j}\int_{c-j\infty}^{c+j\infty} X(s)e^{st}ds, \quad c \geq \sigma \tag{2.20}$$

で与えられる．これを $x(t) = \mathcal{L}^{-1}[X(s)]$ と略記する．

$s = \sigma + j\omega$ とおくとき，ラプラス変換の重み関数は

$$e^{-st} = e^{-\sigma t}e^{-j\omega t} = e^{-\sigma t}(\cos \omega t - j\sin \omega t) \tag{2.21}$$

と表せるので，ラプラス変換は

$$X(s) = \int_0^\infty \left\{x(t)e^{-\sigma t}\right\}e^{-j\omega t}dt \tag{2.22}$$

と表される．一方，フーリエ変換（Fourier transform）は

$$X(j\omega) = \int_{-\infty}^\infty x(t)e^{-j\omega t}dt \tag{2.23}$$

である．

フーリエ変換では時間区間が $(-\infty, \infty)$ の信号を扱い，ラプラス変換では $[0, \infty)$ の信号を扱っている．ラプラス変換では，$x(t)$ の代わりに $x(t)e^{-\sigma t}$ を用いることにより，ほとんどの関数が変換可能となる．たとえば，ステップ関数 $x(t) = 0\,(t < 0)$，$x(t) = 1\,(t \geq 0)$ はラプラス変換可能だが，フーリエ変換は積分が発散するので可能でない．

フーリエ変換との対応関係から，s の虚部は周波数 ω を表していることが分かる．時間関数 $x(t)$ はラプラス変換 $\mathcal{L}$ により s 領域（周波数領域）の関数 $X(s)$ に変換され，逆に s 領域の関数 $X(s)$ は逆ラプラス変換 $\mathcal{L}^{-1}$ により t 領域（時間領域）の時間関数 $x(t)$ に変換される．

2.2.2 代表的な信号のラプラス変換

制御で現れる代表的な信号として，ステップ関数，インパルス関数，指数関数，三角関数などがある．表 2.1 にこれらの関数のラプラス変換を与える．

表 2.1 ラプラス変換表

	$x(t)$	$X(s) = \mathcal{L}[x(t)]$
インパルス関数	$\delta(t)$	1
ステップ関数	1	$\dfrac{1}{s}$
ランプ関数	t	$\dfrac{1}{s^2}$
多項式	t^n	$\dfrac{n!}{s^{n+1}}$
指数関数	e^{-at}	$\dfrac{1}{s+a}$
指数関数重み付	$e^{-at}t^n$	$\dfrac{n!}{(s+a)^{n+1}}$
三角関数	$\sin \omega t$	$\dfrac{\omega}{s^2+\omega^2}$
三角関数	$\cos \omega t$	$\dfrac{s}{s^2+\omega^2}$
指数関数重み付	$e^{-at}\sin \omega t$	$\dfrac{\omega}{(s+a)^2+\omega^2}$
指数関数重み付	$e^{-at}\cos \omega t$	$\dfrac{s+a}{(s+a)^2+\omega^2}$

1) **ステップ関数**（step function）

大きさ 1 のステップ関数を図 2.3 に示す．これは $u(t) = 0\,(t < 0)$，$u(t) = 1\,(t \geq 0)$ で表され，大きさ 1 を強調する場合には単位ステップ

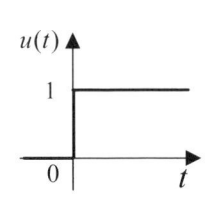

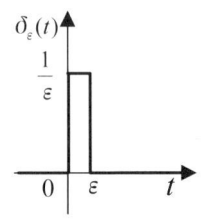

図 2.3 ステップ関数　　図 2.4 インパルス関数の方形波による近似

関数（unit step function）という．

このラプラス変換は，$\mathrm{Re}\, s > 0$ のときに存在し，

$$U(s) = \mathcal{L}[u(t)] = \int_0^\infty e^{-st} dt = -\left.\frac{e^{-st}}{s}\right|_0^\infty = \frac{1}{s} \tag{2.24}$$

である．最後の等号は，$\mathrm{Re}\, s > 0$ のとき $\lim_{t\to\infty} e^{-st} = 0$ を用いている．

冷蔵庫の設定温度を $0°\mathrm{C}$ から $5°\mathrm{C}$ に変える場合は，目標値は大きさ $5°\mathrm{C}$ のステップ関数である．このように設定値の変更はステップ関数である．

2) **インパルス関数**（impulse function）

インパルス関数 $\delta(t)$ は，図 2.4 のような幅 ε で高さ $1/\varepsilon$ の面積 1 の方形波 $\delta_\varepsilon(t)$ に対し，ε を 0 に漸近した極限で与えられる．面積 1 を強調する場合には**単位インパルス関数**という．この方形波はステップ関数 $u(t)$ と時刻 $t=\varepsilon$ で立ち上がるステップ関数 $u(t-\varepsilon)$ の差を用いて，

$$\delta_\varepsilon(t) = \frac{u(t) - u(t-\varepsilon)}{\varepsilon} \tag{2.25}$$

と表される．これより，

$$\delta(t) = \lim_{\varepsilon \to 0} \left\{ \frac{u(t) - u(t-\varepsilon)}{\varepsilon} \right\} = \frac{du(t)}{dt} \tag{2.26}$$

であるので，ステップ関数を時間微分するとインパルス関数となる．さて，後述のラプラス変換の性質を用いると δ_ε のラプラス変換は

$$\mathcal{L}[\delta_\varepsilon(t)] = \left(\frac{1}{s} - e^{-s\varepsilon}\frac{1}{s}\right)\frac{1}{\varepsilon} \tag{2.27}$$

であるので，ロピタルの定理により

$$\mathcal{L}[\delta(t)] = \lim_{\varepsilon \to 0} \left(\frac{1}{s} - e^{-s\varepsilon}\frac{1}{s}\right)\frac{1}{\varepsilon} = 1 \tag{2.28}$$

となる．よって，単位インパルス関数のラプラス変換は 1 である．

上記のようにインパルス関数は極限で定義され，実在の信号を理想化したものである．たとえば，車が走行中に比較的大きな石を乗り越えることや，鐘をハンマーでたたくことなどのように，対象に衝撃を印加することはインパルス関数を近似的に加えたものと考えられる．

3) ランプ関数 (ramp function)

勾配が 1 のランプ関数を図 2.5 に示す．これは $x(t) = 0\,(t < 0)$，$x(t) = t\,(t \geq 0)$ で表され，ラプラス変換は $\mathrm{Re}\ s > 0$ で存在し次式で与えられる．

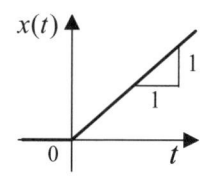

図 2.5 ランプ関数

$$X(s) = \mathcal{L}[t] = \int_0^\infty t e^{-st} dt \tag{2.29}$$

$$= \frac{1}{s}\int_0^\infty e^{-st} dt - \frac{1}{s} t e^{-st}\Big|_0^\infty \tag{2.30}$$

$$= -\frac{1}{s^2} e^{-st}\Big|_0^\infty = \frac{1}{s^2} \tag{2.31}$$

一定速度で走行する車をカメラで追尾する制御問題では，追従性能を評価するテスト信号として車の目標位置を表すランプ関数が用いられる．

4) 指数関数 (exponential function)

指数関数 $x(t) = e^{-at}$ のラプラス変換は，

$$X(s) = \mathcal{L}[e^{-at}] = \int_0^\infty e^{-at} e^{-st} dt = -\frac{e^{-(s+a)t}}{s+a}\Big|_0^\infty \tag{2.32}$$

であり，$\mathrm{Re}\,(s+a) > 0$ のとき $\lim_{t \to \infty} e^{-(s+a)t} = 0$ を考慮すれば

$$\mathcal{L}[e^{-at}] = \frac{1}{s+a} \tag{2.33}$$

となる．これは a が複素数の場合にも適用できる．

2.3 節で述べるように，指数関数はシステムの極 $s = -a$ に対応するモード e^{-at} として重要である．

5) 三角関数（trigonometric function）

オイラーの公式の両辺をラプラス変換すると

$$\mathcal{L}[e^{j\omega t}] = \mathcal{L}[\cos \omega t] + j\mathcal{L}[\sin \omega t] \tag{2.34}$$

であり，左辺は

$$\begin{aligned}\mathcal{L}[e^{j\omega t}] &= \frac{1}{s-j\omega} \\ &= \frac{s}{s^2+\omega^2} + j\frac{\omega}{s^2+\omega^2}\end{aligned}$$

となる．これと右辺が等しいので，実部と虚部から次式を得る．

$$\mathcal{L}[\cos \omega t] = \frac{s}{s^2+\omega^2}, \quad \mathcal{L}[\sin \omega t] = \frac{\omega}{s^2+\omega^2} \tag{2.35}$$

モータで駆動される回転体に加わる周期外乱，波打った路面を走る車に加わる周期外乱，非減衰振動モードなどが，三角関数の例として挙げられる．

2.2.3　ラプラス変換の性質

信号の微分や積分などの演算とラプラス変換との関係を表 2.2 に示す．ラプラス変換は微分方程式を解く方法として有用であり，表中には 1 階微分と 2 階微分の場合を示した．一般的な n 階微分のラプラス変換は，

$$\mathcal{L}\left[\frac{d^n x(t)}{dt^n}\right] = s^n X(s) - s^{n-1}x(0) - \cdots - sx^{(n-2)}(0) - x^{(n-1)}(0) \tag{2.36}$$

で与えられる．$x^{(i)}(t) = d^i x(t)/dt^i$ であり，$x^{(i)}(0)$，$i = 0, 1, 2, \cdots, n-1$ は初期値を表す．初期値がゼロのとき，$\mathcal{L}[d^n x(t)/dt^n] = s^n X(s)$ である．また，n 重積分のラプラス変換は次式で与えられる．

$$\mathcal{L}\left[\int_0^t \cdots \int_0^t x(t)(dt)^n\right] = \frac{1}{s^n}X(s) \tag{2.37}$$

以下では表 2.2 の各性質を説明する．

1) 線形性

$$\begin{aligned}\mathcal{L}[a_1 x_1(t) + a_2 x_2(t)] &= \int_0^\infty \{a_1 x_1(t) + a_2 x_2(t)\}e^{-st}dt \\ &= a_1 \int_0^\infty x_1(t)e^{-st}dt + a_2 \int_0^\infty x_2(t)e^{-st}dt \\ &= a_1 \mathcal{L}[x_1(t)] + a_2 \mathcal{L}[x_2(t)]\end{aligned} \tag{2.38}$$

表 2.2 ラプラス変換の性質

	$x(t)$	$X(s) = \mathcal{L}[x(t)]$
線形性	$a_1 x_1(t) + a_2 x_2(t)$	$a_1 X_1(s) + a_2 X_2(s)$
時間遅れ	$x(t - T_d), T_d > 0$	$e^{-T_d s} X(s)$
指数関数重み	$e^{-at} x(t)$	$X(s + a)$
1階微分	$\dfrac{dx(t)}{dt}$	$sX(s) - x(0)$
2階微分	$\dfrac{d^2 x(t)}{dt^2}$	$s^2 X(s) - sx(0) - x^{(1)}(0)$
積分	$\displaystyle\int_0^t x(\tau) d\tau$	$\dfrac{1}{s} X(s)$
初期値定理	$x(0+)$	$\displaystyle\lim_{s \to \infty} sX(s)$
最終値定理	$x(\infty)$	$\displaystyle\lim_{s \to 0} sX(s)$
たたみ込み積分	$\displaystyle\int_0^t x_1(\tau) x_2(t - \tau) d\tau$	$X_1(s) X_2(s)$
スケール変換	$x(t/a)$	$aX(sa)$

2) **時間遅れ**

$x(t - T_d)$ は信号 $x(t)$ を $T_d > 0$ ほど遅らせた信号である．この関係は $x(t) = 0, t < 0$ を考慮すれば図 2.6 のように表される．ラプラス変換は次式で与えられる．

$$\mathcal{L}[x(t - T_d)] = \int_0^\infty x(t - T_d) e^{-st} dt = \int_{-T_d}^\infty x(\tau) e^{-s(T_d + \tau)} d\tau$$
$$= \int_0^\infty x(\tau) e^{-s(T_d + \tau)} d\tau = e^{-sT_d} X(s) \quad (2.39)$$

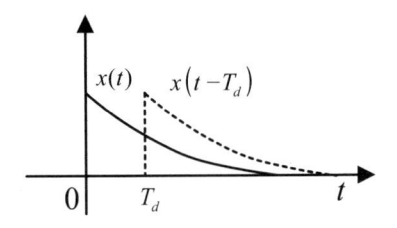

図 2.6 T_d [s] だけ遅らせた信号

これより $x(t - T_d)$ のラプラス変換は $x(t)$ のラプラス変換 $X(s)$ に e^{-sT_d} を乗じて得られる．逆に，$X(s)$ に e^{-sT_d} を乗じることは，信号 $x(t)$ を T_d [s] だけ遅らせることになり，e^{-sT_d} を**むだ時間要素**（time delay）という．

3) 指数関数重み

$$\mathcal{L}[e^{-at}x(t)] = \int_0^\infty x(t)e^{-at}e^{-st}dt$$
$$= \int_0^\infty x(t)e^{-(s+a)t}dt = X(s+a) \quad (2.40)$$

信号 $x(t)$ に指数関数重み e^{-at} を乗じることは，s 領域では $X(s)$ を $X(s+a)$ にシフトすることになる．これを**推移定理**という．

4) 微分

1 階微分は部分積分により次式で与えられる．

$$\mathcal{L}\left[\frac{dx(t)}{dt}\right] = \int_0^\infty \frac{dx(t)}{dt}e^{-st}dt \quad (2.41)$$
$$= x(t)e^{-st}\Big|_0^\infty + s\int_0^\infty x(t)e^{-st}dt \quad (2.42)$$
$$= -x(0) + sX(s) \quad (2.43)$$

2 階微分の公式はこれを繰り返すことで得られる．初期値がゼロであれば，微分することは $X(s)$ に s を乗じることであり，s を**微分要素**という．

5) 積分

$$\mathcal{L}\left[\int_0^t x(\tau)d\tau\right] = \int_0^\infty \left\{\int_0^t x(\tau)d\tau\right\}e^{-st}dt \quad (2.44)$$
$$= \frac{1}{-s}e^{-st}\int_0^t x(\tau)d\tau\Big|_0^\infty + \frac{1}{s}\int_0^\infty x(t)e^{-st}dt \quad (2.45)$$
$$= \frac{1}{s}X(s) \quad (2.46)$$

ただし，最後の等式 (2.46) は，$\lim_{t\to\infty} e^{-st}\int_0^t x(\tau)d\tau = 0$ のときに成り立つ．これより，$x(t)$ を積分することは $1/s$ を $X(s)$ に乗じることであり，$1/s$ を**積分要素**という．

6) 初期値定理（initial value theorem）

次式により，初期時刻 $t=0$ の値が $X(s)$ より直接に計算できる．

$$x(0+) = \lim_{t\to 0+} x(t) = \lim_{s\to\infty} sX(s) \quad (2.47)$$

ただし，時刻 $t=0$ で $x(t)$ が不連続である場合には，$t=0$ の直後の時刻 $t=0+$ における値であることに注意されたい．上式を $x(t)$ が $t=0$ で不連続に $x(0)$ から $x(0+)$ に変化する場合も考慮して計算しよう．上式は

$$sX(s) - x(0) = \int_0^\infty \frac{dx(t)}{dt}e^{-st}dt \tag{2.48}$$

を用いて，以下のように示される．

$$\lim_{s\to\infty} sX(s) = x(0) + \lim_{s\to\infty}\int_0^\infty \frac{dx(t)}{dt}e^{-st}dt \tag{2.49}$$

$$= x(0) + \lim_{s\to\infty}\left\{\int_0^{0+}\frac{dx(t)}{dt}dt + \int_{0+}^\infty \frac{dx(t)}{dt}e^{-st}dt\right\} \tag{2.50}$$

$$= x(0) + [x(0+) - x(0)] + \int_{0+}^\infty \lim_{s\to\infty}\frac{dx(t)}{dt}e^{-st}dt \tag{2.51}$$

$$= x(0+) \tag{2.52}$$

7) **最終値定理**（final value theorem）

次式により $x(t)$ の $t=\infty$ における値を $X(s)$ から直接に計算できる．

$$x(\infty) = \lim_{t\to\infty} x(t) = \lim_{s\to 0} sX(s) \tag{2.53}$$

ただし，$x(t)$ が発散するなど最終値が存在しない場合には適用できないことに注意されたい．$X(s)$ が有理関数で $sX(s)$ が $\mathrm{Re}\,s \geq 0$ に極を持たない場合には適用できる．上式は

$$sX(s) - x(0) = \int_0^\infty \frac{dx(t)}{dt}e^{-st}dt \tag{2.54}$$

を用いて，次式のように示される．

$$\lim_{s\to 0} sX(s) = \lim_{s\to 0}\left\{x(0) + \int_0^\infty \frac{dx(t)}{dt}e^{-st}dt\right\} \tag{2.55}$$

$$= x(0) + \int_0^\infty \frac{dx(t)}{dt}dt = \lim_{t\to\infty}\left\{x(0) + \int_0^t \frac{dx(\tau)}{d\tau}d\tau\right\} \tag{2.56}$$

$$= \lim_{t\to\infty} x(t) \tag{2.57}$$

8) **たたみ込み積分**（convolution）

次式のように，時間関数 $x_1(t)$ と $x_2(t)$ のたたみ込み積分は s 領域では各信号のラプラス変換 $X_1(s)$ と $X_2(s)$ の積で表される．

$$\mathcal{L}\left[\int_0^t x_1(\tau)x_2(t-\tau)d\tau\right] = X_1(s)X_2(s) \tag{2.58}$$

これは以下のように示される．

$$\mathcal{L}\left[\int_0^t x_1(\tau)x_2(t-\tau)d\tau\right] \tag{2.59}$$

$$= \int_0^\infty \left\{\int_0^t x_1(\tau)x_2(t-\tau)d\tau\right\} e^{-st}dt \tag{2.60}$$

$$= \int_0^\infty \int_\tau^\infty x_1(\tau)x_2(t-\tau)e^{-st}dtd\tau \tag{2.61}$$

$$= \int_0^\infty x_1(\tau)e^{-s\tau}\left\{\int_\tau^\infty x_2(t-\tau)e^{-s(t-\tau)}dt\right\}d\tau \tag{2.62}$$

$$= \int_0^\infty x_1(\tau)e^{-s\tau}\left\{\int_0^\infty x_2(\tilde{t})e^{-s\tilde{t}}d\tilde{t}\right\}d\tau \tag{2.63}$$

$$= X_1(s)X_2(s) \tag{2.64}$$

ここに，(2.60) 式から (2.61) 式へは積分の順序を入れ替えており，(2.62) 式から (2.63) 式へは変数 t を $\tilde{t} = t - \tau$ に置き換えている．

2.2.4 ラプラス変換表によるラプラス変換

表 2.1 の基本関数のラプラス変換と表 2.2 のラプラス変換の性質を用いることにより，表に載っていない信号のラプラス変換が求められる．例を示す．

例 2.2 以下のラプラス変換 $X(s) = \mathcal{L}[x(t)]$ を求めよ．
1) $x(t) = 2e^t + t^2$
2) $x(t) = e^{-at}\sin\omega t$
3) $\dfrac{dx(t)}{dt} + x(t) = e^{-2t} + 1$, $x(0) = 1$

解)
1) 線形性とラプラス変換表より次式を得る．

$$X(s) = \mathcal{L}[2e^t + t^2] = 2\mathcal{L}[e^t] + \mathcal{L}[t^2] \tag{2.65}$$

$$= 2\frac{1}{s-1} + \frac{2}{s^3} = \frac{2s^3 + 2s - 2}{s^4 - s^3} \tag{2.66}$$

2) $x(t)$ は $\sin\omega t$ に指数関数重み e^{-at} が乗じられている．そこで，$Y(s) = \mathcal{L}[\sin\omega t] = \omega/(s^2 + \omega^2)$ に推移定理を適用して，次式を得る．

$$X(s) = Y(s+a) = \frac{\omega}{(s+a)^2 + \omega^2} \tag{2.67}$$

3) 両辺をラプラス変換すると，微分の公式より，

$$\mathcal{L}\left[\frac{dx(t)}{dt} + x(t)\right] = \mathcal{L}[e^{-2t} + 1] \qquad (2.68)$$

$$sX(s) - x(0) + X(s) = \frac{1}{s+2} + \frac{1}{s} \qquad (2.69)$$

であるので，これを $X(s)$ について解いて次式を得る．

$$(s+1)X(s) = \frac{1}{s+2} + \frac{1}{s} + 1 \qquad (2.70)$$

$$X(s) = \frac{s^2 + 4s + 2}{s(s+1)(s+2)} \qquad (2.71)$$

2.3 逆ラプラス変換

古典制御で扱われる信号のラプラス変換や線形定数係数常微分方程式の解 $x(t)$ のラプラス変換 $X(s)$ は多くの場合に有理関数である．$X(s)$ から時間関数 $x(t)$ を求めるために逆ラプラス変換の (2.20) 式を用いる方法も考えられるが，$X(s)$ が有理関数の場合には本節で述べる部分分数展開による方法が用いられる．

2.3.1 部分分数展開による方法

信号が次式の s の多項式の比，すなわち**有理関数**（rational function）で表される場合を考えよう．ただし，$n > m$ とする．

$$X(s) = \frac{b_0 s^m + b_1 s^{m-1} + \cdots + b_{m-1} s + b_m}{s^n + a_1 s^{n-1} + \cdots + a_{n-1} s + a_n} \qquad (2.72)$$

このとき，有理関数の逆ラプラス変換は以下の手順で求められる．
ステップ 1) $X(s)$ を**部分分数展開**（partial fraction expansion）する．
ステップ 2) ラプラス変換表 2.1 より，各項の逆ラプラス変換を求める．

部分分数展開するには，まず，分母を因数分解して，極 $p_1, p_2, \cdots, p_n$ を求め，

$$X(s) = \frac{b_0 s^m + b_1 s^{m-1} + \cdots + b_{m-1} s + b_m}{(s - p_1)(s - p_2) \cdots (s - p_n)} \qquad (2.73)$$

と表す．ここで，p_i は実数か共役複素数の対である．つぎに，以下のように極に応じた部分分数展開の形式を用いる．

極が重複しない場合 部分分数展開は

の形式で与えられ，逆ラプラス変換は次式となる．

$$X(s) = \frac{k_1}{s - p_1} + \cdots + \frac{k_n}{s - p_n} \tag{2.74}$$

$$x(t) = k_1 e^{p_1 t} + \cdots + k_n e^{p_n t} \tag{2.75}$$

この展開形式は k_i や p_i が複素数の場合にも適用できるが，複素極の場合にはつぎの展開形式を用いると実数のみで計算できる．すなわち，p_1 が複素数でその共役複素数を p_2 とし $p_1 = \sigma + j\omega$, $p_2 = \sigma - j\omega$ と表すとき，$k_1/(s-p_1) + k_2/(s-p_2)$ は適当な実数の $\hat{k}_1$, $\hat{k}_2$ を用いて次式で表される．

$$X(s) = \frac{\hat{k}_1 \omega}{(s-\sigma)^2 + \omega^2} + \frac{\hat{k}_2 (s-\sigma)}{(s-\sigma)^2 + \omega^2} + \cdots \tag{2.76}$$

この形式で表しておくと逆ラプラス変換はただちに次式で与えられる．

$$x(t) = \hat{k}_1 e^{\sigma t} \sin \omega t + \hat{k}_2 e^{\sigma t} \cos \omega t + \cdots \tag{2.77}$$

極が重複する場合 たとえば，p_1 が r 個ほど重複する場合に，部分分数展開は

$$X(s) = \frac{k_r}{(s-p_1)^r} + \frac{k_{r-1}}{(s-p_1)^{r-1}} + \cdots + \frac{k_1}{s-p_1} + \cdots \tag{2.78}$$

の形式で与えられ，逆ラプラス変換は次式となる．

$$x(t) = \left\{ \frac{k_r}{(r-1)!} t^{r-1} + \cdots + k_2 t + k_1 \right\} e^{p_1 t} + \cdots \tag{2.79}$$

以上述べた部分分数展開形式の各項とその逆ラプラス変換をモード（mode）という．

2.3.2 展開係数の計算法

前項で示した部分分数の展開形式に対して，ここでは係数 k_i を求める 2 通りの方法を説明する．1 つは左辺と右辺の係数比較による方法であり，これは $X(s)$ の次数が低い場合に簡便である．もう 1 つはヘビサイドの展開定理による方法であり，公式を以下に記す．

1) 単極の場合：(2.74) 式の展開式に対し，係数 k_i, $i = 1, 2, \cdots, n$ は次式で与えられる．

$$k_i = \lim_{s \to p_i} X(s)(s - p_i) \tag{2.80}$$

2) 複素極の場合：(2.76) 式の展開式に対し，実係数 $\hat{k}_1, \hat{k}_2$ は次式で与えられる．

$$\hat{k}_1\omega + j\hat{k}_2\omega = \lim_{s \to \sigma+j\omega} X(s)\{(s-\sigma)^2 + \omega^2\} \tag{2.81}$$

3) 重極の場合：(2.78) 式の展開式に対し，係数 k_{r-i}, $i = 0, 1, \cdots, r-1$ は次式で与えられる．

$$k_{r-i} = \frac{1}{i!} \lim_{s \to p_1} \frac{d^i}{ds^i}\{X(s)(s-p_1)^r\} \tag{2.82}$$

以下では，例を用いて係数比較と展開定理の考え方を説明する．

例 2.3　（実単極の場合）

$$X(s) = \frac{5(s+3)}{(s+1)(s+2)} \tag{2.83}$$

を部分分数に展開し，$x(t)$ を求めよ．

解)

係数比較による方法

$$X(s) = \frac{5(s+3)}{(s+1)(s+2)} = \frac{k_1}{s+1} + \frac{k_2}{s+2} \tag{2.84}$$

と部分分数に展開できる．右辺を通分すると

$$X(s) = \frac{(k_1+k_2)s + 2k_1 + k_2}{(s+1)(s+2)} \tag{2.85}$$

であるので，この左辺と右辺を係数比較することにより

$$k_1 + k_2 = 5, \quad 2k_1 + k_2 = 15 \tag{2.86}$$

を得る．この解は $k_1 = 10$, $k_2 = -5$ であるので $x(t) = 10e^{-t} - 5e^{-2t}$ となる．

展開定理の考え方による方法　k_1 の分母 $(s+1)$ を払うために，(2.84) 式の両辺に $(s+1)$ を乗じると

$$\frac{5(s+3)}{(s+1)(s+2)}(s+1) = k_1 + \frac{k_2}{s+2}(s+1) \tag{2.87}$$

となる．左辺は $(s+1)$ が分母分子で打ち消されることに注意して，この式に $s = -1$ を代入すると，

$$10 = k_1 + 0 \tag{2.88}$$

となる．ここで行った計算はつぎのヘビサイドの展開定理の公式に等しい．

$$k_1 = \lim_{s \to p_1} X(s)(s - p_1) \tag{2.89}$$

同様に，k_2 の計算は次式で行える．

$$\begin{aligned} k_2 &= \lim_{s \to p_2} X(s)(s - p_2) \\ &= \lim_{s \to -2} \frac{5(s+3)}{(s+1)(s+2)}(s+2) = -5 \end{aligned} \tag{2.90}$$

例 2.4（複素極の場合）
微分方程式 $dx/dt + x = \sin 2t$, $x(0) = 0$ の解 $x(t)$ のラプラス変換 $X(s)$ は $sX(s) + X(s) = 2/(s^2 + 2^2)$ より

$$X(s) = \frac{2}{(s+1)(s^2 + 2^2)} \tag{2.91}$$

である．これを部分分数に展開し，$x(t)$ を求めよ．

解）

複素係数に展開する場合　実数 k_1 と複素数 k_2 を用いて

$$X(s) = \frac{k_1}{s+1} + \frac{k_2}{s+2j} + \frac{\overline{k_2}}{s-2j} \tag{2.92}$$

の形式に部分分数展開できる．ヘビサイドの展開定理により，

$$k_1 = \lim_{s \to -1} X(s)(s+1) = \frac{2}{5} \tag{2.93}$$

$$k_2 = \lim_{s \to -2j} X(s)(s+2j) = \left. \frac{2}{(s+1)(s-2j)} \right|_{s=-2j} \tag{2.94}$$

$$= -\frac{1}{2} \frac{2-j}{5} \tag{2.95}$$

である．$e^{(\sigma+j\omega)t} = e^{\sigma t}\cos\omega t + je^{\sigma t}\sin\omega t$ であるので，次式を得る．

$$x(t) = k_1 e^{-t} + k_2 e^{-2jt} + \overline{k_2} e^{2jt} \tag{2.96}$$

$$= k_1 e^{-t} + 2\{\operatorname{Re}(k_2)\cos 2t + \operatorname{Im}(k_2)\sin 2t\} \tag{2.97}$$

$$= \frac{2}{5} e^{-t} + \frac{-2}{5}\cos 2t + \frac{1}{5}\sin 2t \tag{2.98}$$

実係数に展開する場合 実係数 k_1, k_2, k_3 を用いて

$$X(s) = \frac{k_1}{s+1} + \frac{k_2 2}{s^2+2^2} + \frac{k_3 s}{s^2+2^2} \tag{2.99}$$

の形式に部分分数展開できる．両辺に (s^2+2^2) を乗じて，$s=2j$ とおくと

$$X(s)(s^2+2^2)\Big|_{s=2j} = 2k_2 + 2jk_3 \tag{2.100}$$

$$\frac{2}{1+2j} = 2k_2 + 2jk_3 \tag{2.101}$$

であるので，実部と虚部を比較して

$$k_2 = \frac{1}{5}, \quad k_3 = \frac{-2}{5} \tag{2.102}$$

となる．よって，$x(t) = \frac{2}{5}e^{-t} + \frac{1}{5}\sin 2t - \frac{2}{5}\cos 2t$ を得る．ここで行った計算は (2.81) 式の公式に等しい．

例 2.5（重極の場合）

$$X(s) = \frac{1}{(s+1)^2 s} \tag{2.103}$$

を部分分数に展開し，$x(t)$ を求めよ．
解）実係数 k_1, k_2, k_3 を用いて

$$X(s) = \frac{k_1}{(s+1)^2} + \frac{k_2}{s+1} + \frac{k_3}{s} \tag{2.104}$$

の形式に部分分数展開できる．係数は係数比較でも求められるが，ここではヘビサイドの展開定理の考え方で求める．両辺に $(s+1)^2$ を乗じると

$$\frac{1}{(s+1)^2 s}(s+1)^2 = k_1 + \frac{k_2}{s+1}(s+1)^2 + \frac{k_3}{s}(s+1)^2 \tag{2.105}$$

となり，$s=-1$ を代入することにより

$$-1 = k_1 + 0 + 0 \tag{2.106}$$

となる．つぎに，k_2 を求めるために，(2.105) 式の両辺を s で微分する．すなわち，

$$\frac{d}{ds}\left\{\frac{1}{s}\right\} = 0 + k_2 + \frac{d}{ds}\left\{\frac{k_3}{s}(s+1)^2\right\} \tag{2.107}$$

$$-\frac{1}{s^2} = k_2 + (s+1)(*) \tag{2.108}$$

となる．これに $s = -1$ を代入すると，$k_2 = -1$ を得る．最後の項は $(s+1)$ で括れるため，$(s+1)(*)$ と表している．この項は $s = -1$ でゼロになり，さらに，この例では高次の微分は計算しないので，具体的に計算していない．ここで行った計算は (2.82) 式の公式に等しい．また，

$$k_3 = \lim_{s \to 0} X(s)s = 1 \tag{2.109}$$

である．以上より $x(t) = -te^{-t} - e^{-t} + 1$ を得る．

演 習 問 題

2.1 $z_1 = 1 + j$, $z_2 = 2 - j$ について以下を求めよ．
(1) Re z_1, Im z_1, $\bar{z}_1$，(2) $z_1 + z_2$, $z_1 - z_2$, $z_1 z_2$, z_1/z_2．
(3) $|z_1|$, $|z_2|$, $\angle z_1$, $\angle z_2$，(4) z_1, z_2, z_1/z_2, z_1^{10} の極形式．

2.2 $x(t)$ のラプラス変換 $X(s)$ を定義に従って求めよ．
(1) $x(t) = 7e^{-2t}$
(2) $x(t) = \begin{cases} t, & t < 1 \\ 1, & 1 \leq t \end{cases}$

2.3 a を正定数とするとき，$x(at)$ のラプラス変換が次式で与えられる．これを示せ．
$$\mathcal{L}[x(at)] = \frac{1}{a} X\left(\frac{s}{a}\right)$$

2.4 ラプラス変換表を用いて，ラプラス変換 $X(s)$ を求めよ．
(1) $x(t) = e^{-t} + 1 + \sin 10t + \cos 10t$
(2) $x(t) = \delta(t) + t + e^{-2t} \sin 10t$
(3) 初期値 $x(0) = 0$, $x^{(1)}(0) = 1$ で
$$\frac{d^2 x(t)}{dt^2} + \frac{dx(t)}{dt} + x(t) + \sin 2t = 0$$

2.5 次の関数 $X(s)$ の逆ラプラス変換 $x(t)$ を求めよ．
(1) $X(s) = \frac{2}{(s+1)(s+2)s}$
(2) $X(s) = \frac{(s+3)^2}{(s+1)^2(s+2)}$
(3) $X(s) = \frac{1}{\{(s+1)^2 + 9\}(s+2)}$

2.6 つぎの微分方程式を解け．
(1) $\frac{dx(t)}{dt} + x(t) = 2, x(0) = 1$
(2) $\frac{d^2 x(t)}{dt^2} + 4\frac{dx(t)}{dt} + 3x(t) = t, \quad x(0) = 1, \; x^{(1)}(0) = 0$

Chapter 3

時間応答と伝達関数

システムの入出力応答の計算は制御系解析の基礎である．ここでは数式モデルが定数係数線形常微分方程式で表される場合の，ラプラス変換による解法，伝達関数による入出力特性の表現，および簡単な系の時間応答の特徴を述べる．

3.1 ラプラス変換法による時間応答の計算

簡単な機械システムに対して時間応答を求めよう．図 3.1 のように，マスがバネとダンパで壁に固定され，マスに外力 $u(t)$ [N] が加わるとする．ここに，マスの質量 M [kg]，バネ定数 K [N/m]，ダンパの粘性摩擦係数 D [Ns/m] とする．マスの平衡位置からの変位を $y(t)$ [m] とすると，各時刻における力のつり合いから，この系は微分方程式

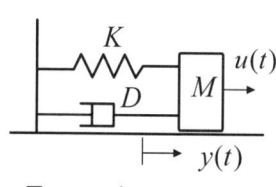

図 3.1 バネ–マス–ダンパ系

$$M\frac{d^2y(t)}{dt^2} + D\frac{dy(t)}{dt} + Ky(t) = u(t) \quad (3.1)$$

で表される．ここに，初期値は初期位置 $y(0)$ と初速度 $y^{(1)}(0)$ である．

$M=1, D=5, K=6$ とする．$y(t)$ と $u(t)$ のラプラス変換をそれぞれ $Y(s)$ と $U(s)$ とし，(3.1) 式の両辺をラプラス変換すると，

$$s^2Y(s) - sy(0) - y^{(1)}(0) + 5\{sY(s) - y(0)\} + 6Y(s) = U(s) \quad (3.2)$$

を得る．これを $Y(s)$ について解くことで

$$Y(s) = \frac{\eta_1 s + \eta_2}{s^2 + 5s + 6} + \frac{1}{s^2 + 5s + 6}U(s) \quad (3.3)$$

を得る．ここに，$\eta_1 = y(0)$, $\eta_2 = 5y(0) + y^{(1)}(0)$ であり，これらは初期値で決

まる定数である．

たとえば，初期位置が $y(0)$ で初速度が $y^{(1)}(0) = 0$ で大きさ c のステップ関数の外力 $u(t) = c\,(t \geq 0)$ が加わる場合には，

$$Y(s) = \frac{(s+5)y(0)}{s^2 + 5s + 6} + \frac{1}{s^2 + 5s + 6}\frac{c}{s} \tag{3.4}$$

であるので，これを部分分数展開すると

$$Y(s) = \left(\frac{-2}{s+3} + \frac{3}{s+2}\right)y(0) + \left(\frac{1/3}{s+3} + \frac{-1/2}{s+2} + \frac{1/6}{s}\right)c \tag{3.5}$$

となる．各項を逆ラプラス変換してつぎの解を得る．

$$y(t) = (-2e^{-3t} + 3e^{-2t})y(0) + \left(\frac{1}{3}e^{-3t} - \frac{1}{2}e^{-2t} + \frac{1}{6}\right)c \tag{3.6}$$

つぎに，一般的に，入力 $u(t)$ と出力 $y(t)$ が次式の定数係数線形常微分方程式（differential equation）で表されるシステムを考えよう．

$$\begin{aligned}
&\frac{d^n y}{dt^n} + a_1 \frac{d^{n-1} y}{dt^{n-1}} + \cdots + a_{n-1}\frac{dy}{dt} + a_n y \\
&= b_0 \frac{d^m u}{dt^m} + b_1 \frac{d^{m-1} u}{dt^{m-1}} + \cdots + b_{m-1}\frac{du}{dt} + b_m u
\end{aligned} \tag{3.7}$$

ここに，係数 $a_1, a_2, \cdots, a_n, b_0, b_1, \cdots, b_m$ は定数である．$y(t)$ と $u(t)$ のラプラス変換をそれぞれ $Y(s)$ と $U(s)$ とし，両辺をラプラス変換すると

$$\begin{aligned}
&s^n Y(s) + a_1 s^{n-1} Y(s) + \cdots + a_{n-1} s Y(s) + a_n Y(s) \\
&\quad - \eta_1 s^{n-1} - \cdots - \eta_{n-1} s - \eta_n \\
&= b_0 s^m U(s) + b_1 s^{m-1} U(s) + \cdots + b_{m-1} s U(s) + b_m U(s)
\end{aligned} \tag{3.8}$$

を得る．ここで，η_i, $i = 1, 2, \cdots, n$ は初期値 $y(0), y^{(1)}(0), \cdots, y^{(n-1)}(0)$ により決まる定数であり，特に初期値がゼロのときに，$\eta_i = 0$, $i = 1, 2, \cdots, n$ である．上式を $Y(s)$ について解けば

$$Y(s) = \frac{\eta(s)}{a(s)} + \frac{b(s)}{a(s)}U(s) \tag{3.9}$$

を得る．ここに，

$$a(s) = s^n + a_1 s^{n-1} + \cdots + a_{n-1} s + a_n \tag{3.10}$$

$$b(s) = b_0 s^m + b_1 s^{m-1} + \cdots + b_{m-1} s + b_m \tag{3.11}$$

$$\eta(s) = \eta_1 s^{n-1} + \cdots + \eta_{n-1} s + \eta_n \tag{3.12}$$

である．$Y(s)$ を逆ラプラス変換することにより $y(t)$ が得られる．
(3.9) 式より，

- 定数係数線形常微分方程式で表されるシステムの時間応答は，入力をゼロとした初期値に対する応答と初期値をゼロとした入力に対する応答の和で表される．

出力 $y(t)$ は初期値 $x(0)$ と入力 $u(\tau)$ $(0 \leq \tau \leq t)$ で決まり，上記のように線形システムではこれらの影響を独立に扱える．線形システムでは**重ね合わせの原理** (principle of superposition) が成り立つ．これは，入力が複数の信号の和で表されるならば，出力は各信号に対するシステムの出力の和で表されることをいう．

ところで，ここで述べた方法は定数係数線形常微分方程式を対象としており，係数 $a_1, \cdots, a_{n-1}, a_n$ が y およびその時間微分の関数である**非線形系**（nonlinear system）の場合や係数が t の関数である**時変系**（time-varying system）の場合には適用できない．たとえば，$dy/dt + y = \sin t$ には適用できるが，以下の例には適用できない．

時変係数線形 ：$\frac{dy}{dt} + (\cos 2t)y = \sin t$
定数係数非線形：$\frac{dy}{dt} + y^2 = \sin t$
時変係数非線形：$\frac{dy}{dt} + (\cos t)y^2 = \sin t$

システムの応答のラプラス変換が

$$Y(s) = \frac{b(s)}{s(s-p_1)(s-p_2)^q(s-\sigma-j\omega)(s-\sigma+j\omega)} \tag{3.13}$$

で与えられるとき，$y(t)$ の応答を考えてみよう．分子の次数は分母の次数より低いとしておく．$Y(s)$ の極が $0, p_1, p_2$ の q 重根，複素根 $\sigma \pm j\omega$ であるので，前章で述べた逆ラプラス変換法から，ただちに，$Y(s)$ は

$$\frac{1}{s}, \quad \frac{1}{s-p_1}, \quad \frac{1}{(s-p_2)^k} (k=1,2,\cdots,q), \quad \frac{\omega}{(s-\sigma)^2+\omega^2}, \quad \frac{s-\sigma}{(s-\sigma)^2+\omega^2}$$

の和に部分分数展開できることが分かるので，$y(t)$ はこれらに対応するモード

$$1, \quad e^{p_1 t}, \quad t^{k-1}e^{p_2 t} (k=1,2,\cdots,q), \quad e^{\sigma t}\sin \omega t, \quad e^{\sigma t}\cos \omega t$$

の線形和で与えられる．

$y(t)$ が時間とともに減衰するか否かは制御にとって重要であり，これは各モードの特性が影響する．これに関してつぎの性質が成り立つ．

1) モード $e^{\sigma t}, t^k e^{\sigma t}, t^k e^{\sigma t}\sin\omega t, t^k e^{\sigma t}\cos\omega t$ は，$\sigma < 0$ のとき時間とともに減衰しゼロに収束する．
2) $\sigma > 0$ では上記のモードはすべて発散する．
3) $\sigma = 0$ では，モード $t^k e^{j\omega t}$ は，$k=0, \omega=0$ で一定値に，$k=0, \omega \neq 0$ では $\sin\omega t$ や $\cos\omega t$ となり，$k \geq 1$ で発散する．

例 3.1 つぎの応答のラプラス変換からラプラス変換表を用いて時間応答を求め，それらを図示し特徴を説明せよ．

$$Y_1(s) = \frac{1}{s+1}, \quad Y_2(s) = \frac{1}{(s+1)^2}, \quad Y_3(s) = \frac{3}{(s+1)^2 + 3^2} \tag{3.14}$$

解） ラプラス変換表より，時間応答は以下で与えられる．

$$y_1(t) = e^{-t}, \quad y_2(t) = te^{-t}, \quad y_3(t) = e^{-t}\sin 3t \tag{3.15}$$

これらの時間応答を図 3.2 に示す．いずれの場合にも極の実部が負であるので，時間応答は減衰する．e^{-t} は $t=0$ では 1 であるのに対して，te^{-t} は 0 である．

$$|e^{\sigma t}\sin\omega t| \leq e^{\sigma t} \tag{3.16}$$

であるので，$e^{\sigma t}\sin\omega t$ の振幅の減衰の速さは $e^{\sigma t}$ と同じである．$e^{\sigma t}\sin\omega t$ の振動周波数は極の虚部 ω に等しい．

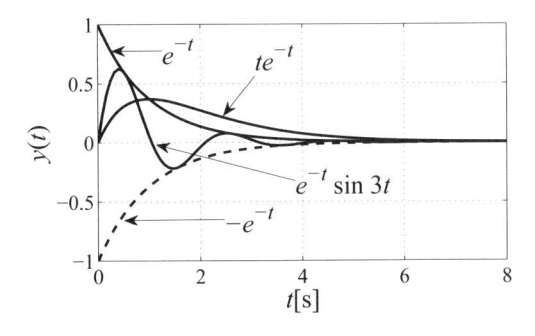

図 **3.2** 減衰するモードの時間応答

例 3.2 つぎの応答 $y(t)$ はどのように振る舞うか説明せよ．$b(s)$ は 3 次以下と

する．

$$Y(s) = \frac{b(s)}{s(s+1)(s^2+4)} \tag{3.17}$$

解) $Y(s)$ の極が $0, -1, 2j, -2j$ で与えられるので，$y(t)$ はモード $1, e^{-t}, \sin 2t, \cos 2t$ の線形和で与えられる．十分に時間が経過すると e^{-t} は減衰するので，$y(t)$ はある定数 c_1, c_2, c_3 を用いて $y(t) \approx c_1 + c_2 \sin 2t + c_3 \cos 2t$ となる．

3.2 伝 達 関 数

線形システムの応答は初期値に対する応答と入力に対する応答の重ね合わせであった．初期値の影響は独立に考えられるので，初期値をゼロとして入出力関係を表す．すなわち，(3.9) 式で初期値をゼロとおくと，

$$Y(s) = \frac{b(s)}{a(s)} U(s) \tag{3.18}$$

を得る．これより，システムの入出力関係は

$$Y(s) = G(s) U(s) \tag{3.19}$$

と表される．ここに，$G(s)$ を伝達関数（transfer function）といい，

$$G(s) = \frac{b(s)}{a(s)} = \frac{b_0 s^m + b_1 s^{m-1} + \cdots + b_{m-1} s + b_m}{s^n + a_1 s^{n-1} + \cdots + a_{n-1} s + a_n} \tag{3.20}$$

である．

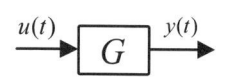

図 3.3 入出力関係のブロック表現

伝達関数 $G(s)$ の係数はシステムの特性のみで決まり，$U(s)$ は外部信号で決まるので，(3.19) 式はシステムの特性と外部信号の特性が積の形式で分離された簡潔な表現である．分母の次数が n である系を n 次系といい，n 個のモードを有する．入力 $u(t)$ をシステムの特性 G に作用させると $y(t)$ が得られるという入出力関係を，ブロック線図では図 3.3 のように表す．また，$G(s) = Y(s)/U(s)$ であるので，伝達関数は初期値がゼロの入出力応答のラプラス変換の比で与えられる．

分母 $a(s) = 0$ の根を極（pole）といい，分子 $b(s) = 0$ の根を零点（zero）とい

う．分母と分子の次数から極は n 個，零点は m 個あり，極を $p_1, p_2, \cdots, p_n$ で，零点を $z_1, z_2, \cdots, z_m$ で表すとき，$G(s)$ は次式で表される．

$$G(s) = \frac{b_0(s-z_1)\cdots(s-z_m)}{(s-p_1)\cdots(s-p_n)} \tag{3.21}$$

$n \geq m$ のとき $G(s)$ はプロパー（proper）といい，これは $G(\infty)$ が有界であることに等価である．特に，$n > m$ のとき $G(s)$ は**厳密にプロパー**（strictly proper）といい，これは $G(\infty) = 0$ であることに等価である．$n < m$ の場合を非プロパー（nonproper）といい，この場合には伝達関数の入出力関係を物理的に厳密に実現することはできないので，実装時にはプロパーな伝達関数で近似するなどの工夫が必要である．これは，分子の次数が分母の次数より高いと伝達関数は $(s^2+s+1)/(s+1) = 1/(s+1) + s$ のように**微分要素** s を含み，純粋な微分要素は近似的にしか実現できないことによる．

例 3.3 以下の問いに答えよ

1) つぎの微分方程式より $U(s)$ から $X(s)$ への伝達関数 $G(s)$ を求めよ．

$$\frac{d^2x}{dt^2} + \frac{dx}{dt} + 2x = \frac{du}{dt} + 2u \tag{3.22}$$

2) 図 3.4 で表される 2 次系の微分方程式を求めよ．

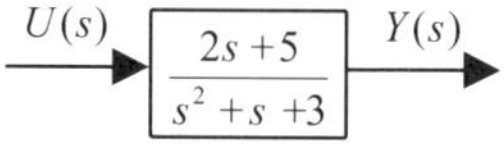

$$U(s) \longrightarrow \boxed{\frac{2s+5}{s^2+s+3}} \longrightarrow Y(s)$$

図 **3.4** 入出力関係

解)

1) 初期値ゼロの場合には $d^q x(t)/dt^q$ のラプラス変換は $s^q X(s)$ であるから，微分方程式のラプラス変換はただちに

$$s^2 X(s) + s X(s) + 2X(s) = sU(s) + 2U(s) \tag{3.23}$$

と表せ，伝達関数は次式となる．

$$G(s) = \frac{X(s)}{U(s)} = \frac{s+2}{s^2+s+2} \tag{3.24}$$

2) $Y(s) = \dfrac{2s+5}{s^2+s+3}U(s)$ より

$$s^2 Y(s) + sY(s) + 3Y(s) = 2sU(s) + 5U(s) \tag{3.25}$$

であるので，逆ラプラス変換により次式を得る．

$$\frac{d^2 y}{dt^2} + \frac{dy}{dt} + 3y = 2\frac{du}{dt} + 5u \tag{3.26}$$

3.3 基本的な入出力応答

　制御系の解析や設計では，制御対象やフィードバック制御系全体の応答特性の評価が必要となる．そこで，初期値がゼロのシステムに，インパルス関数，ステップ関数，ランプ関数などのテスト信号（test signal）を加えた場合の入出力応答が用いられる．これらを，それぞれ，インパルス応答，ステップ応答，ランプ応答という．

　入出力関係が $Y(s) = G(s)U(s)$ で表されるとき，初期値がゼロの場合には入力 $u(t)$ に対する応答は

$$y(t) = \mathcal{L}^{-1}[G(s)U(s)] \tag{3.27}$$

で与えられるので，上記の入出力応答は以下のように計算される．

1) インパルス関数のラプラス変換は $U(s) = 1$ であるから，**インパルス応答**（impulse response）は次式で与えられる．

$$y(t) = \mathcal{L}^{-1}[G(s)] \tag{3.28}$$

この関係式からつぎの基本的な性質が成り立つ．
- 伝達関数の逆ラプラス変換がインパルス応答であり，逆にインパルス応答のラプラス変換が伝達関数である．

2) ステップ関数のラプラス変換は $U(s) = 1/s$ であるから，**ステップ応答**（step response）は次式で与えられる．

$$y(t) = \mathcal{L}^{-1}\left[G(s)\frac{1}{s}\right] \tag{3.29}$$

3) ランプ関数のラプラス変換は $U(s) = 1/s^2$ であるから，ランプ応答（ramp response）は次式で与えられる．

$$y(t) = \mathcal{L}^{-1}\left[G(s)\frac{1}{s^2}\right] \tag{3.30}$$

ところで，ランプ応答 $Y(s) = G(s)/s^2$ の両辺に s を乗じると $sY(s) = G(s)/s$ が得られ，この式の左辺はランプ応答の時間微分であり，右辺はステップ応答である．さらに，ステップ応答 $Y(s) = G(s)/s$ の両辺に s を乗じると $sY(s) = G(s)$ が得られ，この式の左辺はステップ応答の時間微分であり，右辺はインパルス応答である．この関係からつぎの基本的な性質が成り立つ．

- ランプ応答を時間微分するとステップ応答が得られ，ステップ応答を時間微分するとインパルス応答が得られる．

例 3.4 (3.1) 式のバネ–マス–ダンパ系の伝達関数は

$$G(s) = \frac{1}{Ms^2 + Ds + K} = \frac{1}{s^2 + 5s + 6} \tag{3.31}$$

で表される．この系のインパルス応答，ステップ応答，ランプ応答を求めよ．

解） インパルス応答は

$$y(t) = \mathcal{L}^{-1}[G(s)] = \mathcal{L}^{-1}\left[\frac{1}{s+2} - \frac{1}{s+3}\right] \tag{3.32}$$

$$= e^{-2t} - e^{-3t} \tag{3.33}$$

となり，ステップ応答は

$$y(t) = \mathcal{L}^{-1}\left[G(s)\frac{1}{s}\right] \tag{3.34}$$

$$= \mathcal{L}^{-1}\left[\frac{-1/2}{s+2} + \frac{1/3}{s+3} + \frac{1/6}{s}\right] \tag{3.35}$$

$$= -\frac{1}{2}e^{-2t} + \frac{1}{3}e^{-3t} + \frac{1}{6} \tag{3.36}$$

となる．ランプ応答は

$$y(t) = \mathcal{L}^{-1}\left[G(s)\frac{1}{s^2}\right] \tag{3.37}$$

$$= \mathcal{L}^{-1}\left[\frac{1/4}{s+2} - \frac{1/9}{s+3} + \frac{1/6}{s^2} - \frac{5/(36)}{s}\right] \tag{3.38}$$

$$= \frac{1}{4}e^{-2t} - \frac{1}{9}e^{-3t} + \frac{1}{6}t - \frac{5}{36} \tag{3.39}$$

となる．なお，いずれの場合にも初期値がゼロで時刻 $t=0$ より前の入力はゼロなので，$y(t)=0$ $(t<0)$ である．

例 3.5 システムのステップ応答が $y(t) = 1 - e^{-t} - e^{-3t}$ であるとき，インパルス応答 $g(t)$ を求めよ．また，伝達関数 $G(s)$ を求めよ．
解） ステップ応答を時間微分するとインパルス応答が得られるので，

$$g(t) = \frac{d}{dt}y(t) = e^{-t} + 3e^{-3t} \tag{3.40}$$

である．伝達関数はインパルス応答のラプラス変換であるので，次式を得る．

$$G(s) = \mathcal{L}[g(t)] = \frac{1}{s+1} + \frac{3}{s+3} = \frac{4s+6}{(s+1)(s+3)} \tag{3.41}$$

3.4 標準1次遅れ系と標準2次遅れ系のステップ応答

ステップ応答が発散せずにしばらくすると定常値に落ち着くシステムを考えよう．そのような挙動を示す伝達関数の中で，最も次数の低い代表的なものが，標準系の1次遅れ系と2次遅れ系の伝達関数である．標準1次遅れ系は非振動的な応答を，標準2次遅れ系は非振動的から振動的な応答までを表すことができる．これらは簡単な制御対象の数式モデルやフィードバック制御系の規範モデルとして用いられる．これらの標準系では，ステップ応答の特徴が伝達関数の係数から把握しやすいような表現形式が用いられる．

3.4.1 標準1次遅れ系のステップ応答

標準1次遅れ系（first order system）の伝達関数は

$$G(s) = \frac{K}{1+sT}, \ K>0, \ T>0 \tag{3.42}$$

で与えられる．これは1次遅れ系 $G(s) = b_0/(s+a_1)$ で，特に $a_1 > 0$, $b_0 > 0$ の場合である．T を**時定数**（time constant），K を**ゲイン定数**という．ステップ応答は図 3.5 のようになり，時定数とゲイン定数から応答の速さと定常値が把握できる．

ステップ応答は

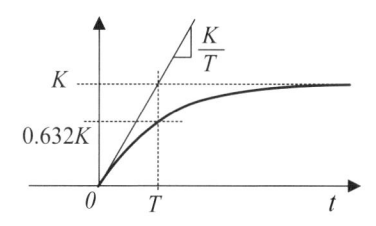

図 3.5 1 次遅れ系のステップ応答 $G(s) = K/(1+sT)$

$$Y(s) = \frac{K}{1+sT}\frac{1}{s} = K\left(\frac{1}{s} - \frac{1}{s+\frac{1}{T}}\right) \tag{3.43}$$

であるので,時間応答は次式で表される.

$$y(t) = K(1 - e^{-\frac{t}{T}}) \tag{3.44}$$

ステップ応答には以下の特徴がある.

1) $T > 0$ より $e^{-t/T}$ は時間とともに減衰し,定常値は $y(\infty) = K$ となる.
2) 初期値は $y(0) = 0$ および $y^{(1)}(0) = K/T$ である.
3) ステップ入力を加えてから T [s] 後には $y(t)$ は定常値の約 63.2% に達する.時定数 T が大きいほど 63.2% に達するまでに要する時間が長くなる.
4) $y(t)$ は単調増加し,非振動的で K を超えることはない.

例 3.6 1 次遅れ系のステップ応答 $y(t)$ に対し,初期値定理を用いて $y(0) = 0$ および $y^{(1)}(0) = K/T$ を導け.

解) $Y(s) = K/\{(1+sT)s\}$ であるので,初期値定理より,$y(0) = \lim_{s\to\infty} sY(s) = K/(1+sT) = 0$ となる.また,$\mathcal{L}[dy/dt] = sY(s) - y(0) = K/(1+sT)$ であるので,$y^{(1)}(0) = \lim_{s\to\infty} sK/(1+sT) = K/T$ となる.

3.4.2 標準 2 次遅れ系のステップ応答

標準 2 次遅れ系(second order system)の伝達関数は

$$G(s) = \frac{K\omega_n^2}{s^2 + 2\zeta\omega_n s + \omega_n^2}, \quad K > 0,\ \zeta \geq 0,\ \omega_n > 0 \tag{3.45}$$

で与えられる.これは 2 次遅れ系 $G(s) = (b_0 s + b_1)/(s^2 + a_1 s + a_2)$ で,特に $a_1 \geq 0, a_2 > 0, b_0 = 0, b_1 > 0$ の場合である.ω_n を固有角周波数(undamped natural frequency),ζ を減衰係数(damping ratio)という.ステップ応答を

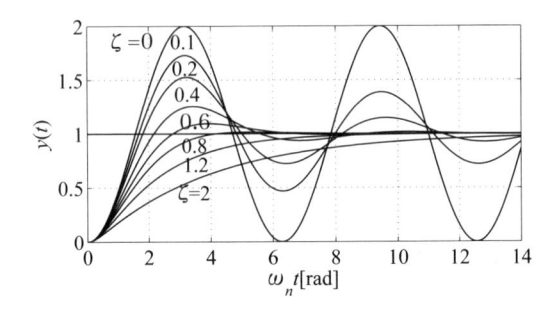

図 3.6 2次遅れ系のステップ応答 $G(s) = \omega_n^2/(s^2 + 2\zeta\omega_n s + \omega_n^2)$

$K=1$ の場合について図 3.6 に示す．固有角周波数と減衰係数から，それぞれ，応答の速さや振動周期，および，応答波形の形状を把握できる．

$G(s)$ の極は

$$s^2 + 2\zeta\omega_n s + \omega_n^2 = 0 \tag{3.46}$$

の根であるので，

$$s = -\left(\zeta \pm \sqrt{\zeta^2 - 1}\right)\omega_n \tag{3.47}$$

となる．$\zeta > 0$ のとき極の実部は負となりモードは減衰し，$\zeta = 0$ のとき極は純虚根となりモードは非減衰である．また，$\zeta > 1$, $\zeta = 1$, $1 > \zeta \geq 0$ に応じて，それぞれ，相異なる2実根，実重根，共役複素根の3つの場合があるので，各場合についてステップ応答 $y(t) = \mathcal{L}^{-1}[G(s)/s]$ は以下のように得られる．

a) $\zeta > 1$ の場合

$$y(t) = K\left\{1 - \frac{\zeta + \sqrt{\zeta^2 - 1}}{2\sqrt{\zeta^2 - 1}}e^{\left(-\zeta + \sqrt{\zeta^2 - 1}\right)\omega_n t} \right.$$
$$\left. + \frac{\zeta - \sqrt{\zeta^2 - 1}}{2\sqrt{\zeta^2 - 1}}e^{\left(-\zeta - \sqrt{\zeta^2 - 1}\right)\omega_n t}\right\} \tag{3.48}$$

b) $\zeta = 1$ の場合

$$y(t) = K\left\{1 - e^{-\omega_n t} - \omega_n t e^{-\omega_n t}\right\} \tag{3.49}$$

c) $1 > \zeta > 0$ の場合

$$y(t) = K\left\{1 - \frac{e^{-\zeta\omega_n t}}{\sqrt{1 - \zeta^2}}\sin\left(\sqrt{1 - \zeta^2}\omega_n t + \tan^{-1}\frac{\sqrt{1 - \zeta^2}}{\zeta}\right)\right\} \tag{3.50}$$

d) $\zeta = 0$ の場合
$$y(t) = K\left(1 - \cos\omega_n t\right) \tag{3.51}$$

ステップ応答には以下の特徴がある.
1) $\zeta > 0, \omega_n > 0$ ではステップ応答は収束し, 定常値は $y(\infty) = K$ である. $\zeta = 0$ のとき, 応答は角周波数 ω_n で非減衰振動する.
2) $t = 0$ において $y(0) = 0$, $y^{(1)}(0) = 0$, $y^{(2)}(0) = K\omega_n^2$ である.
3) $0 \leq \zeta < 1$ のとき, 極が $s = \left(-\zeta \pm j\sqrt{1-\zeta^2}\right)\omega_n$ であるので, 例 3.1 でも示したように, モードの振動周期は虚部で, 振幅の減衰の速さは実部で決まる. 1 周期の間に振幅の減衰が小さいほど, そのモードは振動的であると考えられ, これは極の実部と虚部の比で決まる.
4) 固有角周波数 ω_n が大きいほど応答が速くなる.

$0 \leq \zeta < 1$ の場合には, 図 3.7 の過渡応答の特徴的な点は
$$\omega_0 = \omega_n\sqrt{1-\zeta^2}, \quad \gamma_0 = \frac{\zeta}{\sqrt{1-\zeta^2}} \tag{3.52}$$
とおくと, 以下で与えられる. ただし, $K = 1$ とする.
1) 極大値 (点 A_i, $i = 1, 2, 3, \cdots$): $t = \dfrac{(2i-1)\pi}{\omega_0}$ のとき,
$$y(t) = 1 + e^{-(2i-1)\gamma_0\pi}, \quad i = 1, 2, 3, \cdots \tag{3.53}$$
2) 極小値 (点 B_i, $i = 1, 2, 3, \cdots$): $t = \dfrac{2i\pi}{\omega_0}$ のとき,
$$y(t) = 1 - e^{-2i\gamma_0\pi}, \quad i = 1, 2, 3, \cdots \tag{3.54}$$
3) $y(t) = 1$ を満たす時刻 (点 C_i, $i = 1, 2, 3, \cdots$):
$$t = \frac{1}{\omega_0}\left\{\frac{(2i-1)\pi}{2} + \tan^{-1}\gamma_0\right\}, \quad i = 1, 2, 3, \cdots \tag{3.55}$$

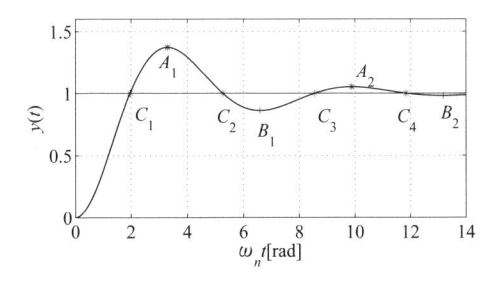

図 3.7 2 次遅れ系のステップ応答の特徴点

3.4.3 伝達関数の s のスケール変換とステップ応答

伝達関数 $G(s)$ のステップ応答 $y(t)$ が $Y(s) = G(s)/s$ で与えられる．このとき，正定数 a に対して s をスケール変換した伝達関数 $G(sa)$ のステップ応答を計算すると

$$\hat{y}(t) = \mathcal{L}^{-1}[G(sa)/s] = \mathcal{L}^{-1}[aG(sa)/(sa)]$$
$$= \mathcal{L}^{-1}[aY(sa)] = y(t/a) \tag{3.56}$$

が得られる．最後の等式には，ラプラス変換のスケール変換の公式 $\mathcal{L}[x(t/a)] = aX(sa)$ を用いている．これより，つぎの性質が成り立つ．

- 伝達関数の s を sa に置き換えたシステムは，ステップ応答が時間軸方向に a 倍されるので，応答が a 倍遅くなる．

たとえば，次式のステップ応答は $a = 1, 2, 3$ に対し図 3.8 のようになる．

$$G(sa) = \frac{1}{1 + 0.8(sa) + (sa)^2} \tag{3.57}$$

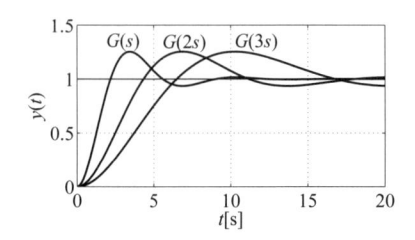

図 3.8 $G(sa)$, $a = 1, 2, 3$ のステップ応答の比較

3.5 入出力応答とたたみ込み積分

入出力応答 $Y(s) = G(s)U(s)$ は，ラプラス変換のたたみ込み積分の性質より時間領域では

$$y(t) = \int_0^t g(t - \tau)u(\tau)d\tau \tag{3.58}$$

と表される．ここに $g(t) = \mathcal{L}^{-1}[G(s)]$ はインパルス応答である．インパルス入力を時刻 $t = 0$ で加えた後に応答 $g(t)$ が現れるので，

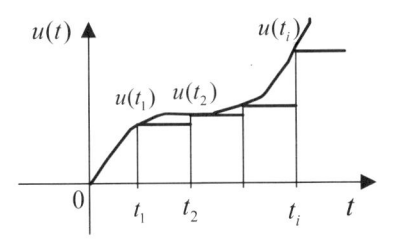

図 3.9 入力信号の矩形波の列による近似

$$g(t) = 0, \quad t < 0 \tag{3.59}$$

が成り立つ．これはシステムの**因果性**（causality）を表す条件式である．

(3.58) 式から「入出力応答がインパルス応答列の重ね合わせである」と解釈できることを説明する．図 3.9 のように，入力 $u(t)$ を幅が Δt の矩形波の列で近似するとき，時刻 $t = t_i = \Delta t i$ における矩形波の面積は $u(t_i)\Delta t$ であるので，さらに，この矩形波を時刻 $t = t_i$ におけるインパルス $u(t_i)\Delta t \delta(t - t_i)$ で近似する．すなわち，入力 $u(t)$ を次式のインパルス列で近似する．

$$u(t) = \sum_{i=0}^{\infty} u(t_i)\Delta t \delta(t - t_i) \tag{3.60}$$

時刻 $t = t_i$ における 1 つのインパルス入力 $u(t) = \delta(t - t_i)$ をシステムに加えれば，応答は $y(t) = g(t - t_i)$ となる．システムの線形性より，インパルス列に対する応答は個々のインパルスに対する応答の和で表され，次式が得られる．

$$y(t) = \sum_{i=0}^{\infty} u(t_i)\Delta t g(t - t_i) \tag{3.61}$$

ここで，$\Delta t \to 0$ とすると

$$y(t) = \int_0^{\infty} g(t-\tau)u(\tau)d\tau = \int_0^t g(t-\tau)u(\tau)d\tau \tag{3.62}$$

が得られる．ここに，因果性より $g(t - \tau) = 0\,(\tau > t)$ であるから，上式のように積分区間は $[0, \infty)$ から $[0, t]$ になる．

演 習 問 題

3.1 次式で表される系の入力 u から出力 y への伝達関数 $G(s)$ を求めよ．

$$\frac{d^3 y}{dt^3} + 3\frac{d^2 y}{dt^2} + 3\frac{dy}{dt} = \frac{du}{dt} + u$$

3.2 入出力特性が次式で表されるとき，これを微分方程式で表せ．
$$X(s) = \frac{s+2}{(s+3)(s+1)} U(s)$$

3.3 入出力特性が次式で表されるとき，初期値がゼロで $u(t) = \sin 10t$ を加えた．
$$Y(s) = \frac{s+4}{(s+1)(s+5)^2} U(s)$$
$Y(s)$ を求めよ．$y(t)$ はどのようなモードの和で表せるか．

3.4 初期値がゼロのとき $Y(s) = G(s)U(s)$ の入出力応答が $u(t) = e^{-t} + 2$, $y(t) = -2e^{-2t} + e^{-t} + 1$ となった．伝達関数 $G(s)$ を求めよ．

3.5 1次遅れ系の伝達関数が $G(s) = \dfrac{6}{s+2}$ とする．標準形で表し，時定数とゲイン定数を示し，ステップ応答の概略を図示せよ．

3.6 2次遅れ系の伝達関数が $G(s) = \dfrac{9}{s^2+s+9}$ である．減衰係数 ζ と固有角周波数 ω_n を求め，ステップ応答の概略を図示せよ．

3.7 図 3.10 の 1 次遅れ系のステップ応答から伝達関数 $G(s)$ を決定せよ．

3.8 図 3.11 の 2 次遅れ系のステップ応答から伝達関数 $G(s)$ を決定せよ．

3.9 図 3.11 から $G(2s)$ のステップ応答を描け．

3.10 $Y(s) = G(s)U(s)$ で $G(s) = \dfrac{c(s+5)(s+b)}{(s^2+s+10)(s+a)}$ とするとき，ステップ応答 $y(t)$ の定常値と初期値 $y(0), y^{(1)}(0)$ を求めよ．

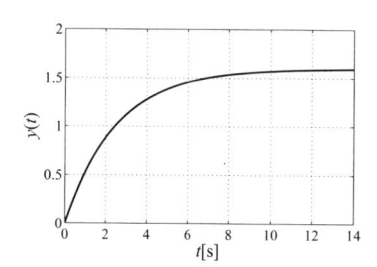

図 **3.10** 1 次遅れ系のステップ応答

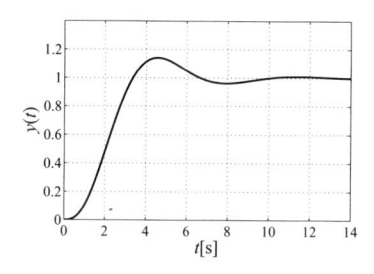

図 **3.11** 2 次遅れ系のステップ応答

Chapter 4

制御対象と制御器の伝達関数

前章で,伝達関数と入出力応答を一般的に述べた.本章では,図1.4のフィードバック制御系の制御対象の伝達関数 $P(s)$ と制御器の伝達関数 $K(s)$ の具体例について述べる.制御対象を構成する基本要素の伝達関数を機械系や電気系の場合に与える.伝達関数の応答特性を具体的な対象と関連づけて理解することや,伝達関数が同じで物理現象の異なる場合を知っておくことは有用である.物理現象は異なっても同じ伝達関数の場合には制御系の解析設計は同じように行える.

4.1 制御対象のモデルと伝達関数

制御対象の伝達関数は一般に次式で表される.厳密にプロパー $(n > m)$ とする.

$$P(s) = \frac{b(s)}{a(s)} = \frac{b_0 s^m + b_1 s^{m-1} + \cdots + b_{m-1} s + b_m}{s^n + a_1 s^{n-1} + \cdots + a_{n-1} s + a_n} \tag{4.1}$$

入力や出力に T_d [s] のむだ時間が考えられる場合には次式が用いられる.

$$P(s) = \frac{b(s)}{a(s)} e^{-T_d s} \tag{4.2}$$

むだ時間要素は無限次元のシステムであるので,解析や設計を容易にするために有限次元の伝達関数で近似する場合もある.パデ近似 (Padé approximation) がしばしば用いられ,たとえば,1次と2次のパデ近似は次式で与えられる.

$$e^{-T_d s} \approx \frac{1 - T_d s/2}{1 + T_d s/2} \tag{4.3}$$

$$e^{-T_d s} \approx \frac{1 - T_d s/2 + (T_d s)^2/12}{1 + T_d s/2 + (T_d s)^2/12} \tag{4.4}$$

制御対象を構成する基本要素の伝達関数を表4.1に示す.以下ではこれらの伝達関数で表される機械システムと電気回路の例を与える.

表 4.1 制御対象の基本要素の伝達関数

名称	$P(s)$
比例要素	K
積分要素	$\dfrac{1}{s}$
1次遅れ要素	$\dfrac{b_0}{s+a_1}$, $\dfrac{K}{1+sT}$ (標準形)
2次遅れ要素	$\dfrac{b_0 s + b_1}{s^2 + a_1 s + a_2}$, $\dfrac{K\omega_n^2}{s^2 + 2\zeta\omega_n s + \omega_n^2}$ (標準形)
むだ時間要素	$e^{-T_d s}$

4.1.1 機械システム

1) **比例要素**：バネ定数を K [N/m] とすると，バネに加わる力 $u(t)$ [N] と変位 $y(t)$ [m] の関係が $y(t) = Ku(t)$ で与えられる．ラプラス変換すると，$Y(s) = KU(s)$ である．歯車による減速も比例要素である．比例要素は静的システムである．

2) **積分要素**：図 4.1 で，底面積 $A\,[\mathrm{m}^2]$ のタンクの水位が $y(t)$ [m] であり，流量 $u(t)\,[\mathrm{m}^3/\mathrm{s}]$ の水が流入するとする．タンクの水量の増分と総流入量が等しいので，

$$A\{y(t) - y(0)\} = \int_0^t u(\tau)d\tau \tag{4.5}$$

である．$y(0) = 0$ としてラプラス変換すると次式を得る．

$$Y(s) = \frac{1}{sA}U(s) \tag{4.6}$$

3) **1次遅れ要素**：図 4.2 のように，底面積 $A\,[\mathrm{m}^2]$ のタンクに水が流量 $u(t)\,[\mathrm{m}^3/\mathrm{s}]$ で流入し，タンクの底から流量 $q(t)\,[\mathrm{m}^3/\mathrm{s}]$ で流出し，タンクの水位が $y(t)$ [m] とする．ベルヌーイの定理より流出量は水位の平方に比例するので，流出量を比例定数 α を用いて $q(t) = \alpha\sqrt{y(t)}$ と表す．

水量の収支より

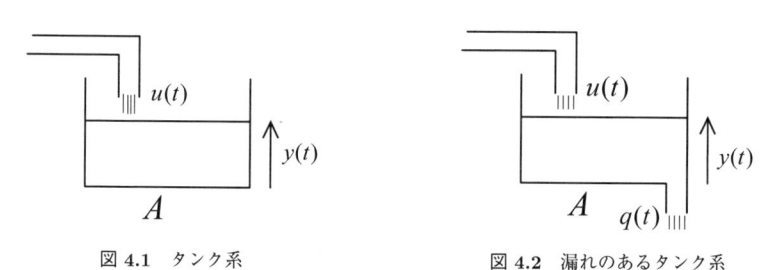

図 4.1 タンク系

図 4.2 漏れのあるタンク系

4.1 制御対象のモデルと伝達関数

$$A\frac{dy(t)}{dt} = u(t) - q(t) \tag{4.7}$$

が得られ，これに $q(t) = \alpha\sqrt{y(t)}$ を代入し整理すると，

$$\frac{dy(t)}{dt} = -\frac{\alpha}{A}\sqrt{y(t)} + \frac{1}{A}u(t) \tag{4.8}$$

を得る．これは $\sqrt{y(t)}$ の項があるので非線形微分方程式であり，u から y への伝達関数は定義できない．そこで，非線形系を平衡点周りで線形近似 (linear approximation) し線形近似系の伝達関数を求める．

まず，一定の流入量 $u(t) = u_0 [\mathrm{m}^3/\mathrm{s}]$ に対する平衡状態での水位 $y(t) = y_0 [\mathrm{m}]$ は (4.8) 式より

$$0 = -\frac{\alpha}{A}\sqrt{y_0} + \frac{1}{A}u_0 \tag{4.9}$$

を満たすので，$y_0 = (u_0/\alpha)^2$ である．平衡点 (u_0, y_0) 周りでの流入量の増分に対する水位の増分を考えるため，$u(t) = u_0 + \Delta u(t), y(t) = y_0 + \Delta y(t)$ とおき，$\Delta u(t)$ と $\Delta y(t)$ の関係を導く．(4.8) 式の非線形項 $\sqrt{y}$ を $y = y_0$ において線形近似すると，テイラー展開の公式より

$$f(y) \approx f(y_0) + \frac{df}{dy}(y_0)\Delta y \tag{4.10}$$

であるから，$f(y) = \sqrt{y}$ とおくと

$$\sqrt{y} \approx \sqrt{y_0} + \frac{1}{2}\frac{1}{\sqrt{y_0}}\Delta y \tag{4.11}$$

となる．これを (4.8) 式へ代入し (4.9) 式を用いると，つぎの線形近似式が得られる．

$$\frac{d}{dt}\Delta y(t) = -\frac{\alpha}{2A\sqrt{y_0}}\Delta y(t) + \frac{1}{A}\Delta u(t) \tag{4.12}$$

これをラプラス変換すると

$$s\Delta Y(s) = -\frac{\alpha}{2A\sqrt{y_0}}\Delta Y(s) + \frac{1}{A}\Delta U(s) \tag{4.13}$$

であるので，伝達関数が

$$G(s) = \frac{\Delta Y(s)}{\Delta U(s)} = \frac{1/A}{s + \alpha/(2A\sqrt{y_0})} \tag{4.14}$$

となる．時定数は $T = 2A\sqrt{y_0}/\alpha$，ゲイン定数は $K = 2\sqrt{y_0}/\alpha$ である．動作点 y_0 により T と K は変わるので，動特性は動作点で異なる点に注意されたい．

4) **2次遅れ要素**：図 4.3 に自動車のサスペンションの簡単な 1/4 モデルを表す．ここに，車体の変位を $y(t)$ [m] とし車が走行することでタイヤが路面の凹凸から受ける変位を $x(t)$ [m] とする．車体の質量が M [kg]，サスペンションのバネ定数が K [N/m] でダッシュポットの粘性摩擦係数が D [Ns/m] とする．このとき，$x(t)$ から $y(t)$ への伝達関数を求める．力のつり合いに関して

$$M\frac{d^2 y(t)}{dt^2} = -K\{y(t) - x(t)\} - D\left\{\frac{dy(t)}{dt} - \frac{dx(t)}{dt}\right\} \quad (4.15)$$

が成り立つので，初期値がゼロとしてラプラス変換すると

$$Ms^2 Y(s) = -K\{Y(s) - X(s)\} - D\{sY(s) - sX(s)\} \quad (4.16)$$

となり，伝達関数は

$$G(s) = \frac{Y(s)}{X(s)} = \frac{Ds + K}{Ms^2 + Ds + K} \quad (4.17)$$

となる．分母から，標準形の固有角周波数と減衰係数は $\omega_n = \sqrt{K/M}$，$\zeta = D/\left(2\sqrt{MK}\right)$ となる．

図 4.3　サスペンションの 1/4 モデル

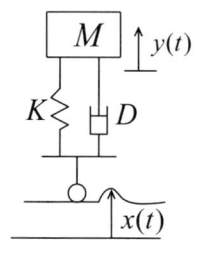

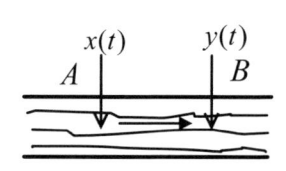

図 4.4　輸送系

5) **むだ時間要素**：図 4.4 のように，管の中を濃度が一様でない液体が流れているとする．A 地点で測った濃度 $x(t)$ とその下流の B 地点で測った濃度 $y(t)$ の間には，T_d [s] の輸送遅れのために，$y(t) = x(t - T_d)$ の関係がある．よって，表 2.2 より入出力特性は $Y(s) = e^{-sT_d} X(s)$ で表される．

4.1.2　電気回路

1) **比例要素**：ポテンショメータは，回転角 $\theta(t)$ [rad] を電圧 $y(t)$ [V] に変換す

るセンサであり，変換係数を a として $Y(s) = a\Theta(s)$ と表される．また，タコジェネレータは回転角速度 $\omega(t)$ [rad/s] を電圧 $y(t)$ [V] に変換するセンサであり，変換係数を b として $Y(s) = b\Omega(s)$ と表される．

2) **積分要素**：図 4.5 で，コンデンサに流入する電流を $u(t)$ [A]，コンデンサの両端電圧を $y(t)$ [V]，コンデンサの静電容量を C [F] とする．なお，電流や電圧には向きがあり，規則により素子の電圧の向きと電流の向きは逆にとる．コンデンサの電荷の増分とコンデンサに流入した総電荷が等しいので，

$$C\{y(t) - y(0)\} = \int_0^t u(\tau)d\tau \tag{4.18}$$

が成り立つ．これは両辺を時間微分して

$$C\frac{dy(t)}{dt} = u(t) \tag{4.19}$$

でも表せる．$y(0) = 0$ としてラプラス変換すると次式を得る．

$$Y(s) = \frac{1}{Cs}U(s) \tag{4.20}$$

また，図 4.6 で，コイルを流れる電流を $u(t)$ [A]，コイルの両端電圧を $y(t)$ [V]，コイルのインダクタンスを L [H] とする．コイルの磁束 $Lu(t)$ [Wb] の単位時間当たりの変化率がコイルの両端の起電力 $y(t)$ に等しいので

$$L\frac{du(t)}{dt} = y(t) \tag{4.21}$$

が成り立つ．$u(0) = 0$ としてラプラス変換すると次式を得る．なお，入出力の捉え方によって微分要素とも積分要素とも考えられる．

$$Y(s) = LsU(s), \quad U(s) = \frac{1}{Ls}Y(s) \tag{4.22}$$

3) **1 次遅れ要素**：図 4.7 の抵抗 R [Ω] とコンデンサ C [F] の直列回路で，入力電圧 $u(t)$ [V] から出力電圧 $y(t)$ [V] への伝達関数を求める．回路を流れる

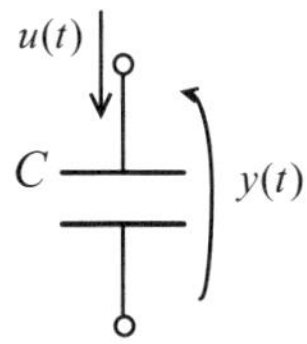

図 4.5 コンデンサ 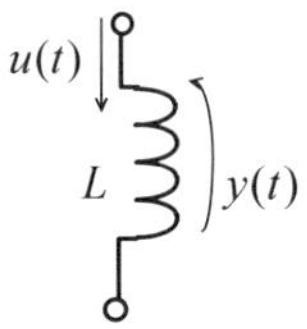　　　　　　　　　図 4.6 コイル

電流を $i(t)$ [A] とすると，キルヒホッフの法則より次式が成り立つ．

$$u(t) = Ri(t) + y(t) \tag{4.23}$$

$$C\frac{dy(t)}{dt} = i(t) \tag{4.24}$$

コンデンサの初期電圧を $y(0) = 0$ として，ラプラス変換すると，

$$U(s) = RI(s) + Y(s) \tag{4.25}$$

$$CsY(s) = I(s) \tag{4.26}$$

より $I(s)$ を消去して次式が得られる．

$$Y(s) = \frac{1}{1 + RCs}U(s) \tag{4.27}$$

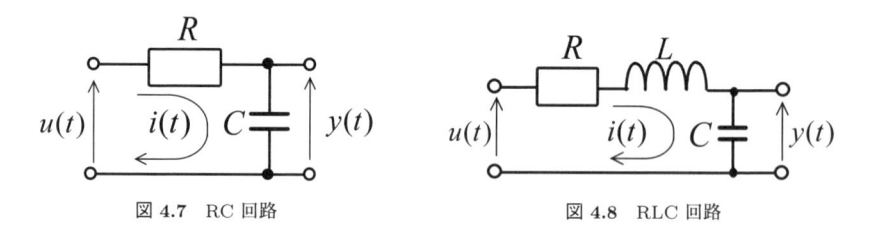

図 4.7 RC 回路

図 4.8 RLC 回路

4) **2 次遅れ要素**：図 4.8 の抵抗 R [Ω]，コイル L [H]，コンデンサ C [F] の直列回路の入力電圧 $u(t)$ [V] から出力電圧 $y(t)$ [V] への伝達関数を求める．この回路に流れる電流を $i(t)$ [A] とすると，次式が成り立つ．

$$u(t) = Ri(t) + \frac{d}{dt}\{Li(t)\} + y(t) \tag{4.28}$$

$$C\frac{dy(t)}{dt} = i(t) \tag{4.29}$$

これを初期値をゼロとしてラプラス変換すると

$$U(s) = RI(s) + LsI(s) + Y(s) \tag{4.30}$$

$$CsY(s) = I(s) \tag{4.31}$$

より $I(s)$ を消去して次式が得られる．

$$Y(s) = \frac{1}{LCs^2 + RCs + 1}U(s) \tag{4.32}$$

5) **むだ時間要素**：$x(t)$ の計測に T_d [s] の遅れが生じるとすると，制御に用いるデータは $y(t) = x(t - T_d)$ であるので，$Y(s) = e^{-sT_d}X(s)$ と表される．

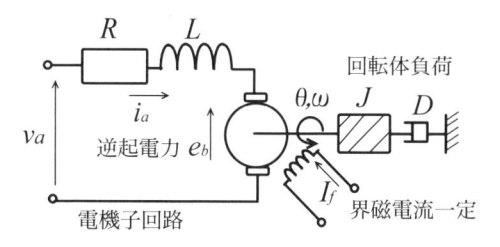

図 4.9 直流サーボモータ

4.1.3 直流サーボモータ

図 4.9 に示す直流サーボモータで回転体の負荷を駆動する場合を考えよう．界磁電流 I_f [A] は一定とする．回転体について，慣性モーメント J [kgm^2]，粘性摩擦係数 D [Ns/m]，トルク $T(t)$ [Nm]，回転角 $\theta(t)$ [rad]，回転角速度 $\omega(t)$ [rad/s] とすると，負荷は次式の運動方程式で表される．

$$\frac{d\theta(t)}{dt} = \omega(t) \tag{4.33}$$

$$J\frac{d\omega(t)}{dt} + D\omega(t) = T(t) \tag{4.34}$$

モータで発生するトルク $T(t)$ は電機子電流 $i_a(t)$ [A] に比例するので，モータのトルク係数 K_T [Nm/A] を用いて $T(t) = K_T i_a(t)$ で表される．また，モータが回転することで電機子に生じる逆起電力 $e_b(t)$ [V] は回転角速度に比例するので，逆起電力定数 K_e [V/(rad/s)] を用いて $e_b(t) = K_e \omega(t)$ で表される．電機子回路にキルヒホッフの法則を適用することで，印加電圧 $v_a(t)$ [V] と逆起電力 $e_b(t)$ の間につぎの関係式が得られる．

$$L\frac{di_a(t)}{dt} + Ri_a(t) + e_b(t) = v_a(t) \tag{4.35}$$

以上の式をラプラス変換して次式が得られる．

$$s\Theta(s) = \Omega(s) \tag{4.36}$$

$$(Js+D)\Omega(s) = K_T I_a(s) \tag{4.37}$$

$$(Ls+R)I_a(s) + K_e \Omega(s) = V_a(s) \tag{4.38}$$

さらに，不要な変数 $\Omega(s)$ と $I_a(s)$ を消去することにより，$V_a(s)$ から $\Theta(s)$ への伝達関数は

$$P(s) = \frac{\Theta(s)}{V_a(s)} = \frac{K_T}{\{(Ls+R)(Js+D) + K_T K_e\}s} \tag{4.39}$$

となる．L が十分に小さいので $L=0$ とおくと次式の簡易モデルが得られる．

$$P(s) = \frac{K_m}{s(1+sT_m)} \tag{4.40}$$

ここに，$K_m = K_T/(RD + K_T K_e)$，$T_m = JR/(RD + K_T K_e)$ である．

4.1.4 プロセス制御のモデル

温度制御や液位制御はプロセス制御系で多く見られる．プロセス系のステップ応答はむだ時間と1次遅れ要素，あるいは，むだ時間と2次遅れ要素のステップ応答で近似できる場合が多い．そこで，プラントの伝達関数モデルとして，

$$P(s) = \frac{K}{1+sT} e^{-sT_d} \tag{4.41}$$

$$P(s) = \frac{K}{(1+sT_1)(1+sT_2)} e^{-sT_d} \tag{4.42}$$

$$P(s) = \frac{K}{s} e^{-sT_d} \tag{4.43}$$

が用いられる．(4.43)式は**無定位系**といわれ，純粋な積分特性があるためにステップ応答は発散する．プロセス制御系の制御則の多くはこれらに対して導出されており，後述の表4.3にPID制御則の1つを参考に与えた．

4.2 制御器の伝達関数

図1.4に示したフィードバック制御系における制御器の伝達関数は一般に次式で表される．制御器はプロパー ($q \geq p$) とする．

$$K(s) = \frac{d(s)}{c(s)} = \frac{d_0 s^p + d_1 s^{p-1} + \cdots + d_{p-1} s + d_p}{s^q + c_1 s^{q-1} + \cdots + c_{q-1} s + c_q} \tag{4.44}$$

表 4.2 制御器の基本要素の伝達関数

名称	$K(s)$
比例要素	1
積分要素	$\dfrac{1}{s}$
微分要素	$s,\ \dfrac{s}{1+\tau s}$ （近似微分）
位相進み要素	$\dfrac{1+sT_2}{1+sT_1},\ 0 < T_1 < T_2$
位相遅れ要素	$\dfrac{1+sT_4}{1+sT_3},\ 0 < T_4 < T_3$

4.2 制御器の伝達関数

古典制御では，基本要素を組み合わせて制御器が構成される．基本要素を表4.2にまとめた．標準的な制御器として，PID制御器と位相進み・位相遅れ補償器があり，これらは簡単な制御器から始めて，設計仕様が満たされないならば基本要素を追加していく考え方で設計される．これらの設計法は9章や13章で説明する．

4.2.1 PID制御器

PID制御器は比例，積分，微分の基本要素を用途に応じて組み合わせたものである．組み合わせとして，P制御，PI制御，PD制御，PID制御がある．また，純粋な微分要素sは実装できないので，近似微分要素$s/(1+s\tau)$が用いられる．

PID制御器の伝達関数は，

$$K(s) = K_P \left(1 + \frac{1}{T_I s} + sT_D\right) \tag{4.45}$$

$$= K_P + \frac{K_I}{s} + sK_D \tag{4.46}$$

で与えられる．K_Pは**比例ゲイン**（proportional gain），T_Iは**積分時間**（integral time），T_Dは**微分時間**（derivative time）といわれる．近似微分を用いた場合や低域通過フィルタ$1/(1+s\tau)$を用いた場合には，それぞれ，

$$K(s) = K_P + \frac{K_I}{s} + \frac{K_D s}{1+\tau s} \tag{4.47}$$

$$K(s) = \frac{1}{1+s\tau}\left(K_P + \frac{K_I}{s} + sK_D\right) \tag{4.48}$$

となる．PID制御器は構造が簡単で制御器の働きを直感的に理解しやすく，PIDゲインであるK_P, K_I, K_Dを適切に調整すれば，十分な性能が出せる場合が多くあり，産業界で広く使われている．

PID制御器の各要素の働きを述べる．図1.4より，制御偏差$E(s) = R(s) - Y(s)$を用いて，制御入力$U(s)$は次式で表される．

$$U(s) = \left(K_P + \frac{K_I}{s} + sK_D\right)E(s) \tag{4.49}$$

これは時間領域では次式で表される．

$$u(t) = K_P e(t) + K_I \int_0^t e(\tau)d\tau + K_D \frac{de(t)}{dt} \tag{4.50}$$

この制御則の3項は左から順に偏差信号$e(t)$に対して比例 (Proportional)，積分 (Integral)，微分 (Derivative) の処理を行っている．

1) 比例制御：現時刻における偏差 $e(t)$ をフィードバックする最も基本的な制御である．K_P が大きいほど偏差を小さくする効果が大きいと期待されるが，多くの場合に K_P を大きくしていくと，応答が振動的になり，さらに大きくすると発散する．定常偏差（定常状態における目標値からのずれ）や応答の速さが十分に改善されない場合には，それぞれ，積分制御や微分制御の併用が必要となる．

2) 積分制御：過去から現在までの偏差の積分値をフィードバックする．小さな偏差も積分することにより大きな制御入力となり，それをフィードバックすることにより偏差をゼロにできる．この積分要素の働きはつぎのようにも説明できる．積分要素の出力を $V(s) = (1/s)E(s)$ と表すとき，$v(t)$ を一定値になるように制御すれば，$e(t) = dv(t)/dt$ より $e(t) = 0$ が達成される．

3) 微分制御：偏差の微分値をフィードバックする．Δt 秒後の偏差 $e(t + \Delta t)$ は

$$e(t + \Delta t) \approx e(t) + \frac{de(t)}{dt}\Delta t \tag{4.51}$$

で予測されることから，微分制御は偏差を予測しフィードバックしている．これにより早めに増減を抑制することで，振動を抑制し速応性を高められる．

プロセス制御では，制御対象を簡単なモデルで表しゲインの調整則を用意する方法が用いられる．**CHR 法**（Chien, Hrones, Reswick）の調整則を紹介しておく．この方法では制御対象が 1 次遅れむだ時間系

$$P(s) = \frac{K}{1 + sT}e^{-T_d s} \tag{4.52}$$

に対し，調整則が表 4.3 で与えられる．ここに，$R = K/T$, $K_I = K_P/T_I$, $K_D = K_P T_D$ とおく．この表より PID ゲイン値を求める．

例 4.1 表 4.3 の CHR 法の調整則を用いて，$K = 1, T = 1$ として，目標値応答の 20% の PI 制御器と PID 制御器のゲインを求めよ．

解） 表 4.3 より PI 制御器では「$K_P R T_d = 0.6, T_I/T_d = T/T_d$」であるので，

$$K(s) = \frac{0.6}{T_d} + \frac{0.6}{T_d s} \tag{4.53}$$

4.2 制御器の伝達関数

表 4.3 CHR 法の PID ゲインの調整則

外部入力	行き過ぎ	制御器	$K_P R T_d$	T_I/T_d	T_D/T_d
目標値	なし	P	0.3	—	—
		PI	0.35	$1.2T/T_d$	—
		PID	0.6	T/T_d	0.5
目標値	20%	P	0.7	—	—
		PI	0.6	T/T_d	—
		PID	0.95	$1.4T/T_d$	0.47
外乱	なし	P	0.3	—	—
		PI	0.6	4	—
		PID	0.95	2.4	0.42
外乱	20%	P	0.7	—	—
		PI	0.7	2.3	—
		PID	1.2	2	0.42

となり，PID 制御器では「$K_P R T_d = 0.95, T_I/T_d = 1.4T/T_d, T_D/T_d = 0.47$」であるので，

$$K(s) = \frac{0.95}{T_d} + \frac{0.6786}{T_d s} + 0.4465s \tag{4.54}$$

となる．たとえば，むだ時間が $T_d = 0.5, 1, 2$ の場合にはこれらを上式に代入し PID ゲインが得られる．

4.2.2 位相進み・位相遅れ補償器

位相進み・位相遅れ補償器の伝達関数は比例，位相進み (phase lead)，位相遅れ (phase lag) の基本要素を用途に応じて組み合わせたものであり，次式で表される．位相遅れ要素の代わりに積分要素 $1/s$ も用いられる．

$$K(s) = K_P \left(\frac{1+sT_2}{1+sT_1}\right)\left(\frac{T_3}{T_4}\frac{1+sT_4}{1+sT_3}\right) \tag{4.55}$$

PID 制御器は基本要素の和であるのに対して，この補償器の場合は基本要素の積である．PID 制御器の伝達関数の分子は，$T_I \geq 4T_D$ を満たす場合には次式のように s の 1 次式の積に因数分解できる．

$$\begin{aligned}
K_P\left(1 + \frac{1}{T_I s} + sT_D\right) &= K_P \frac{T_I T_D s^2 + T_I s + 1}{T_I s} \\
&= K_P \frac{(1+T_1 s)(1+T_2 s)}{T_I s}
\end{aligned} \tag{4.56}$$

位相進み・位相遅れ補償器は PID 制御器と機能が類似している．すなわち，比例要素は PID 制御器の比例制御と同じ働きであり，位相進み要素は微分制御に近

く，位相遅れ要素は積分制御に近い働きである．13 章のボード線図を用いた制御器設計には，作図が容易なことから，制御器は基本要素の積の伝達関数が用いられる．

演 習 問 題

4.1 図 4.10 の系において，入力 $u(t)$ から出力 $x_1(t)$ への伝達関数 $P(s)$ を求めよ．ただし，台車の変位 $x_1(t), x_2(t)$ [m]，力 $u(t)$ [N]，台車の質量 M_1, M_2 [kg]，バネ定数 K_1, K_2 [N/m]，粘性摩擦係数 D_1, D_2 [Ns/m] である．

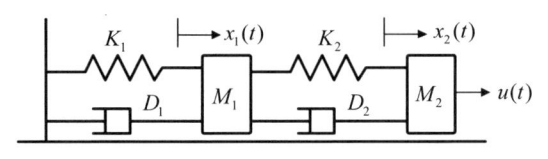

図 4.10 機械振動系

4.2 図 4.11 の位相進み補償回路の入力電圧 u から出力電圧 y への伝達関数を求め，(4.55) 式の T_1 と T_2 を求めよ．

4.3 図 4.12 の位相遅れ補償回路の入力電圧 u から出力電圧 y への伝達関数を求め，(4.55) 式の T_3 と T_4 を求めよ．

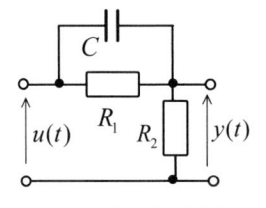

図 4.11 位相進み補償回路　　　図 4.12 位相遅れ補償回路

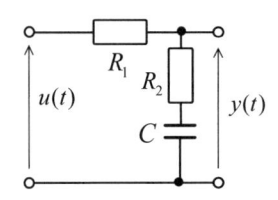

Chapter 5

ブロック線図とシステム表現

制御系はいくつかの要素と信号経路による結合で構成されている．ブロック線図は要素の結合関係や信号伝達の様子を理解したり，アイデアを人に伝える際にも有用である．本章では，ブロック線図と数式の関係，フィードバック制御系の伝達関数の計算と入出力応答の計算を述べる．

5.1 ブロック線図の規則と結合系

ブロック線図（block diagram）では，信号を矢印で表し，矢印の近くに信号の変数名を記載し，四角いブロックに伝達関数や要素の名称を入れる．信号経路の結合には表 5.1 のルールが用いられる．

表 5.1 の信号の加算および減算の点を加え合わせ点（summing point）といい，

表 **5.1** ブロック線図の描き方のルール

名称	式	ブロック線図
(a) 入出力関係	$Y = GU$	
(b) 信号の加算	$Z = X + Y$	
(c) 信号の減算	$Z = X - Y$	
(d) 信号の引き出し	信号 X を引き出して用いる	

信号を引き出す点を引き出し点（branch point）という．これらのルールに従えば，式で表された制御系をブロック線図で表現できるし，逆にブロック線図から制御系を表す式を導ける．

制御系は複数のブロックから構成されており，解析や設計のためにいくつかをまとめて1つのブロックに集約して記述することが必要となる．ブロックの基本結合には**直列結合**（cascade connection），**並列結合**（parallel connection），**フィードバック結合**（feedback connection）があり，これらを1つのブロックに集約する方法を説明する．

1) **直列結合**：図 5.1 に直列結合を示す．入力 U が G_1 で処理され，その出力 X が G_2 で処理され，Y が出力されている．このブロック線図は

$$Y = G_2 X, \quad X = G_1 U \tag{5.1}$$

と表されるので，中間変数 X を消去して

$$Y = G_2(G_1 U) = (G_2 G_1) U \tag{5.2}$$

を得る．これより直列結合系の伝達関数は $G_2 G_1$ となり，図 5.2 のように簡略化される．

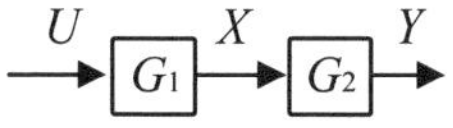

図 5.1 直列結合

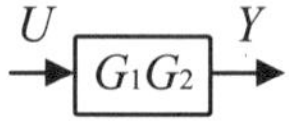

図 5.2 直列結合の伝達関数

2) **並列結合**：図 5.3 に並列結合を示す．入力 U は G_1 と G_2 で処理され，それらの出力 Y_1 と Y_2 の和が Y として出力される．このブロック線図は

$$Y_1 = G_1 U, \quad Y_2 = G_2 U \tag{5.3}$$

$$Y = Y_1 + Y_2 \tag{5.4}$$

と表せるので，中間変数の Y_1 と Y_2 を消去して，

$$Y = G_1 U + G_2 U = (G_1 + G_2) U \tag{5.5}$$

を得る．これより並列結合系の伝達関数は $G_1 + G_2$ となり，図 5.4 のように簡略化される．

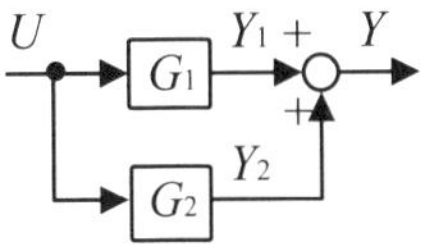

図 5.3　並列結合 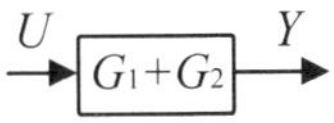　　　　　　図 5.4　並列結合の伝達関数

3) **フィードバック結合**：図 5.5 にネガティブフィードバック結合を示す．前向き要素が G_1 で後ろ向き要素が G_2 となり，これらがループを形成しており，加え合わせ点の符号が負であるのでネガティブフィードバック結合である．ループを一巡するときの伝達関数 G_2G_1 は**一巡伝達関数**（loop transfer function）といわれる．このループ内を信号が何回も巡り，それがフィードバック系の応答として表れる．$G_2 = 1$ の場合を**直結フィードバック系**あるいは**単一フィードバック系**（unity feedback）という．

このブロック線図は

$$Y = G_1 E \tag{5.6}$$

$$E = R - G_2 Y \tag{5.7}$$

と表せるので，中間変数の E を消去して

$$Y = G_1(R - G_2 Y) \tag{5.8}$$

を得る．これを Y について解くことにより，

$$Y = \frac{G_1}{1 + G_1 G_2} R \tag{5.9}$$

が得られる．これより，フィードバック結合の伝達関数は $G_1/(1 + G_1 G_2)$ となり，図 5.6 のように簡略化される．

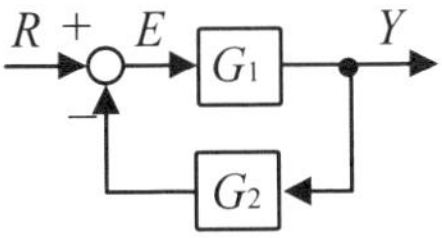

図 5.5　ネガティブフィードバック結合 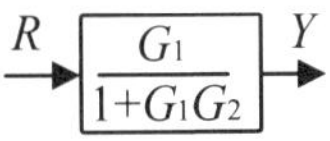　　図 5.6　ネガティブフィードバック結合の伝達関数

フィードバックの効果を考慮に入れた全体システムの伝達関数を**閉ループ伝達関数**（closed-loop transfer function）といい，ネガティブフィード

バック系の閉ループ伝達関数は一巡伝達関数を用いて次式で表されることが知られている．

$$閉ループ伝達関数 = \frac{入力から出力へ至る最短経路の伝達関数}{1 + 一巡伝達関数} \quad (5.10)$$

本書では説明を省略するが，これはシグナルフローグラフ (signal flow graph) に対するメーソンの公式（Mason's rule）を，最も簡単な単一ループ系に適用した場合に相当している．たとえば，図 5.5 のブロック線図で考えると，R から Y への最短経路の伝達関数は G_1 であり一巡伝達関数は G_1G_2 であるので，上式を用いれば閉ループ伝達関数は $G_1/(1+G_1G_2)$ となり，(5.9) 式が得られる．

ポジティブフィードバック結合の場合を図 5.7 に示す．加え合わせ点で正でフィードバックされている．この場合には $E = R + G_2Y$ より

$$Y = \frac{G_1}{1 - G_1G_2}R \quad (5.11)$$

が得られ，ポジティブフィードバック系の伝達関数は $G_1/(1-G_1G_2)$ となり，図 5.8 のように簡略化される．

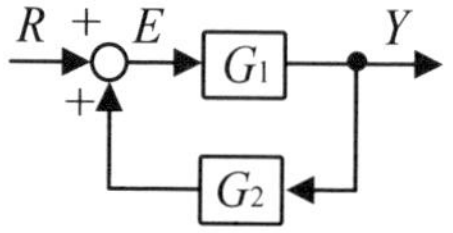

図 5.7　ポジティブフィードバック結合

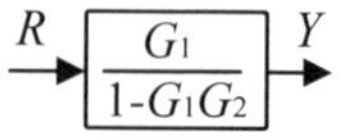

図 5.8　ポジティブフィードバック結合の伝達関数

上記の結合の他に，ブロック線図の簡略化に用いられる等価変換を表 5.2 に示す．これらの関係も式を立てれば容易に確認できるので導出は省略する．いままでに述べたブロック線図の基本的な簡略化のルールを用いればブロック線図上で簡略化も行える．

例 5.1　4.1.3 項で求めた直流サーボモータのモデルをブロック線図で表し，ブロック線図の変換により $V_a(s)$ から $\Theta(s)$ までの伝達関数 $P(s)$ を求めよ．

解）直流サーボモータは次式で表された．

5.1 ブロック線図の規則と結合系

表 5.2 ブロック線図の等価変換

変換	ブロック線図	等価なブロック線図
ブロックの交換	$U \to G_1 \to G_2 \to Y$	$U \to G_2 \to G_1 \to Y$
信号経路の反転	$X \to G \to Y$	$X \leftarrow \frac{1}{G} \leftarrow Y$
加え合わせ点の交換	$X,Y,Z \to X+Y+Z$	$X,Z,Y \to X+Y+Z$
加え合わせ点とブロックの交換	$X,Y \to \oplus \to G \to Z$	$X \to G, Y \to G \to \oplus \to Z$
引き出し点とブロックの交換	$X \to G \to Y,\ Z$	$X \to G \to Y,\ \frac{1}{G} \to Z$

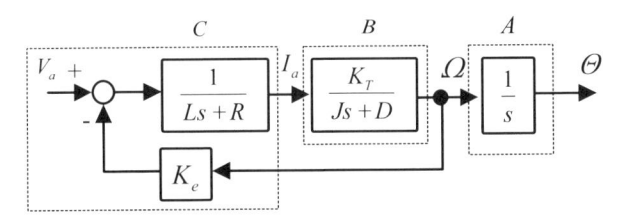

図 5.9 直流サーボモータのブロック線図

$$s\Theta(s) = \Omega(s) \tag{5.12}$$

$$(Js + D)\Omega(s) = K_T I_a(s) \tag{5.13}$$

$$(Ls + R)I_a(s) + K_e \Omega(s) = V_a(s) \tag{5.14}$$

3.2 節で述べたように，分子の次数が分母の次数より高い，すなわち，非プロパーな伝達関数はシミュレーションや実装では扱いにくいので，できるだけ個々のブロックもプロパーな伝達関数で表すことが望ましい．この方針に従い，上式を

$$\Theta(s) = \frac{1}{s}\Omega(s) \tag{5.15}$$

$$\Omega(s) = \frac{K_T}{Js + D}I_a(s) \tag{5.16}$$

$$I_a(s) = \frac{1}{Ls + R}\{V_a(s) - K_e\Omega(s)\} \tag{5.17}$$

のようにプロパーな伝達関数を用いて表すと，図 5.9 のブロック線図が得られる．図中の 3 つの部分 A, B, C がそれぞれ (5.15),(5.16),(5.17) 式を表している．

さて，ブロック線図の変換により $V_a(s)$ から $\Theta(s)$ への伝達関数を求めてみよ

う．図中の B と C の部分は

$$G_1 = \frac{K_T}{Js+D}\frac{1}{Ls+R}, \quad G_2 = K_e \tag{5.18}$$

により構成されるネガティブフィードバック結合であるので，

$$\frac{\Omega(s)}{V_a(s)} = \frac{G_1}{1+G_1G_2} = \frac{K_T}{(Ls+R)(Js+D)+K_TK_e} \tag{5.19}$$

である．この伝達関数と A の部分の $1/s$ が直列結合しているので次式を得る．

$$P(s) = \frac{\Theta(s)}{V_a(s)} = \frac{K_T}{s\{(Ls+R)(Js+D)+K_TK_e\}} \tag{5.20}$$

5.2 フィードバック制御系の閉ループ伝達関数

図 5.10 のフィードバック制御系について，R から Y への閉ループ伝達関数を求める．まず，このブロック線図を式で表すと

$$Y = PU \tag{5.21}$$

$$U = KE \tag{5.22}$$

$$E = R - Y \tag{5.23}$$

である．R と Y 以外の不要な信号 U, E を消去すると，

$$Y = PK(R-Y) \tag{5.24}$$

を得る．これを Y について解くことで，次式が得られる．

$$Y = \frac{PK}{1+PK}R \tag{5.25}$$

例 5.2 図 5.10 のフィードバック制御系について R から Y，R から U，R から E への閉ループ伝達関数を (5.10) 式を用いて求めよ．ただし，$P = \dfrac{2}{s+3}$，$K = \dfrac{1}{s}$

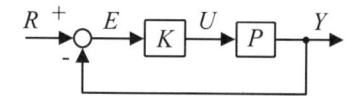

図 5.10 フィードバック制御系

とする.

解) R から Y への最短経路の伝達関数は $G_1 = PK$ で一巡伝達関数は $G_1G_2 = PK$ であるので,閉ループ伝達関数は

$$\frac{Y}{R} = \frac{PK}{1+PK} = \frac{2}{s^2+3s+2} \tag{5.26}$$

である.同様に,R から U への最短経路の伝達関数は $G_1 = K$ であるので,

$$\frac{U}{R} = \frac{K}{1+PK} = \frac{s+3}{s^2+3s+2} \tag{5.27}$$

である.R から E への最短経路の伝達関数は $G_1 = 1$ であるので,

$$\frac{E}{R} = \frac{1}{1+PK} = \frac{s^2+3s}{s^2+3s+2} \tag{5.28}$$

である.

つぎに,外部からの信号として目標値 R と外乱 D が同時に加わる図 5.11 のフィードバック制御系を考えよう.これは次式で表される.

$$Y = P(D+U) \tag{5.29}$$

$$U = KE \tag{5.30}$$

$$E = R - Y \tag{5.31}$$

外部信号 R と D から Y への伝達特性を求めるために,不要な信号 U と E を消去すると

$$Y = P\{D + K(R-Y)\} \tag{5.32}$$

を得る.これを Y について解くことで,次式を得る.

$$Y = \frac{PK}{1+PK}R + \frac{P}{1+PK}D \tag{5.33}$$

さて,(5.33) 式をブロック線図の簡略化で求めよう.制御系の線形性より重ね合わせの原理を適用でき,

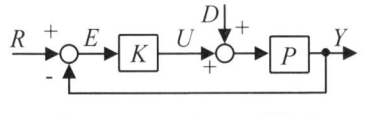

図 **5.11** フィードバック制御系

- 外部からの複数の信号が同時に加わるときの応答は，個々の信号に対する応答の和で表される．すなわち，

$$Y = R\text{による目標値応答} + D\text{による外乱応答} \tag{5.34}$$

である．

まず，R から Y への閉ループ伝達関数は，図 5.11 で $D = 0$ としたブロック線図の閉ループ伝達関数である．これは $G_1 = PK$, $G_2 = 1$ のネガティブフィードバック結合であるので，閉ループ伝達関数は

$$\frac{G_1}{1 + G_1 G_2} = \frac{PK}{1 + PK} \tag{5.35}$$

となる．同様に，D から Y への閉ループ伝達関数は，図 5.11 で $R = 0$ としたブロック線図の閉ループ伝達関数である．これは $G_1 = P$, $G_2 = -K$ のポジティブフィードバック結合であるので，閉ループ伝達関数は

$$\frac{G_1}{1 - G_1 G_2} = \frac{P}{1 + PK} \tag{5.36}$$

となる．以上より，(5.33) 式が得られる．

5.3 フィードバック制御系の時間応答の計算

図 5.11 の制御系の性能を評価するために，目標値 $r(t)$ や外乱 $d(t)$ に対する応答 $y(t)$ や $u(t)$ の計算が必要である．ブロック線図の各要素の初期値がゼロである場合には，前節で述べた方法で $Y(s)$ や $U(s)$ を計算し逆ラプラス変換することにより $y(t)$ や $u(t)$ が求められる．

例 5.3 図 5.11 の系で $P = 1/(s+1)$, $K = 3$ とする．プラントの初期値をゼロとして時刻 $t = 0$ でステップ外乱 $d(t) = 1$ を加えた．応答 $y(t)$ と $u(t)$ を求めよ．
解）外乱に対する応答はそれぞれ次式で与えられる．

$$Y = \frac{P}{1 + PK} D = \frac{1}{s+4} \frac{1}{s} \tag{5.37}$$

$$U = -\frac{PK}{1 + PK} D = \frac{-3}{s+4} \frac{1}{s} \tag{5.38}$$

これらを逆ラプラス変換して，

$$y(t) = 0.25 - 0.25e^{-4t}, \quad t \geq 0 \tag{5.39}$$

$$u(t) = -0.75 + 0.75e^{-4t}, \quad t \geq 0 \tag{5.40}$$

を得る．なお，$t = 0$ で初期値がゼロで $d(t) = 0\,(t < 0)$ であるので，$t < 0$ では $y(t) = 0, u(t) = 0$ である．

例 5.4 図 5.11 の系で $P = 1/(s+3)$, $K = 2/s$ とし，各要素の初期値がゼロとする．時刻 $t = 0$ で $r(t) = 1$ のステップ目標値を加え，時刻 $t = 10$ でステップ外乱 $d(t) = 1$ を加えた．応答 $y(t)$ を求めよ．

解） 線形性より目標値応答と外乱応答を求め，それらの和で解が得られる．目標値応答は

$$Y_r(s) = \frac{PK}{1+PK} R(s) = \frac{2}{s^2 + 3s + 2} \frac{1}{s} = \frac{2}{(s+1)(s+2)s} \tag{5.41}$$

であるので，$y_r(t) = 1 - 2e^{-t} + e^{-2t}$ である．外乱応答は時刻 $t = 0$ で外乱が加わったときの応答 $y_d(t)$ を求めれば，実際の応答は $10\,\mathrm{s}$ だけ時間を遅らせた応答 $y_d(t - 10)$ で与えられる．$t = 0$ でステップ外乱 $d(t) = 1$ が加わったときの外乱応答は

$$Y_d(s) = \frac{P}{1+PK} D(s) = \frac{s}{(s^2+3s+2)} \frac{1}{s} = \frac{1}{(s+1)(s+2)} \tag{5.42}$$

より，$y_d(t) = e^{-t} - e^{-2t}$ となる．以上より，$y(t)$ は次式で与えられる．

$$y(t) = \begin{cases} 0, & t < 0 \\ y_r(t) = 1 - 2e^{-t} + e^{-2t}, & 0 \leq t < 10 \\ y_r(t) + y_d(t-10) = 1 - 2e^{-t} + e^{-2t} \\ \qquad + e^{-(t-10)} - e^{-2(t-10)}, & 10 \leq t \end{cases}$$

演 習 問 題

5.1 図 5.12 のシステムに対し，つぎの 2 通りの方法により，R から Y への閉ループ伝達関数 G_{yr} を求めよ．また，D から Y への閉ループ伝達関数 G_{yd} を求めよ．
(1) このシステムを表す式を立て，変数消去により求めよ．
(2) ブロック線図の変換ルールを用いて求めよ．

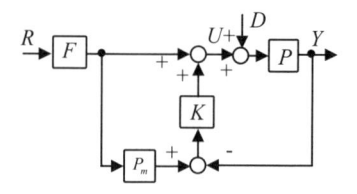

図 **5.12** ブロック線図

5.2 図 5.10 のフィードバック制御系に対し目標値としてステップ入力 $r(t) = 1$ が加えられた．応答 $y(t)$ と $u(t)$ を計算せよ．ただし，システムの初期値はゼロとする．

$$P(s) = \frac{2}{s+1}, \quad K(s) = \frac{1}{s+3}$$

5.3 ロボットアームがモータで駆動されている．モータ電圧 $u(t)$ によりアームの回転角速度 $\omega(t)$ と回転角 $\theta(t)$ が次式に従うとする．

$$\frac{d\theta}{dt} = \omega, \quad 2\frac{d\omega}{dt} + \omega = u$$

$\theta(t)$ を目標角 $r(t)$ に速やかに追従させるために，角速度と回転角を測定し $u = -K_1\omega + K_2(r-\theta)$ でフィードバックする．以下に答えよ．

(1) u から ω と ω から θ への入出力特性をブロック線図で表せ．これにフィードバック則のブロック要素を追加して，フィードバック制御系全体のブロック線図を図示せよ．

(2) 目標値 r から制御量 θ へのフィードバック制御系の伝達関数 $G(s)$ を求めよ．

(3) $G(s)$ を標準 2 次遅れ系で表すとき，$\omega_n = 4, \zeta = 0.8$ となる K_1, K_2 を求めよ．

Chapter 6

フィードバック系の安定性

有界な外部入力に対して有界な出力応答が得られるときシステムが安定といわれ，安定性は制御系が満たすべき最も基本的な条件である．本章では，システムの安定条件を与えた後に，結合系の安定条件を与える．極零点消去と内部安定性についても説明する．

6.1 システムの安定性

ステップ目標値などの外部入力が加わるとき，時間の経過につれて制御量が発散するようでは，制御系に望ましい動きをさせられないし，制御系が破壊される場合もあり得る．このため，有界な外部入力に対して制御量が有界であることが必要であり，そのようなシステムを安定といい，そうでないシステムを不安定という．なお，$x(t)$ が有界とは，ある定数 M に対し $|x(t)| < M$ $(t \geq 0)$ が成り立つことをいう．本書ではつぎの安定性の定義を用いることにする．

- ステップ関数の外部入力に対してシステムの応答が一定値に落ち着くとき，システムが**安定**（stable）といい，逆に応答が発散するか，有界であるが一定値には落ち着かないときに，システムが**不安定**（unstable）という．

システムの入出力特性が $Y(s) = G(s)R(s)$ で表されるとする．外部入力 $R(s)$ から制御量 $Y(s)$ への伝達関数が

$$G(s) = \frac{2}{(s+1)(s+2)} \tag{6.1}$$

であるとき，このシステムのステップ応答は

$$Y(s) = \frac{2}{(s+1)(s+2)} \frac{1}{s} \tag{6.2}$$

であるので，

$$y(t) = -2e^{-t} + e^{-2t} + 1 \tag{6.3}$$

となる．この場合には $y(\infty) = 1$ に落ち着くのでシステムは安定である．

もう1つの例として，伝達関数が

$$G(s) = \frac{2}{(s-1)(s+2)} \tag{6.4}$$

であるとき，ステップ応答は

$$Y(s) = \frac{2}{(s-1)(s+2)} \frac{1}{s} \tag{6.5}$$

であるので，

$$y(t) = \frac{2}{3} e^t + \frac{1}{3} e^{-2t} - 1 \tag{6.6}$$

となる．この場合には，発散するモード e^t のために $y(\infty) = \infty$ となるのでシステムは不安定である．以上の例のように $G(s)$ のすべての極の実部が負であるときシステムが安定である．

これを伝達関数が一般的に次式で表されるシステムについて与える．

$$G(s) = \frac{b(s)}{a(s)} = \frac{b_0(s-z_1)\cdots(s-z_m)}{(s-p_1)\cdots(s-p_n)} \tag{6.7}$$

ここに，$n \geq m$ であり，$a(s)$ と $b(s)$ は既約とする．ここで，既約とは分母多項式と分子多項式をそれぞれ因数分解したときに共通因子がない場合をいう．$z_1, z_2, \cdots, z_m$ が $G(s)$ の零点，$p_1, p_2, \cdots, p_n$ が $G(s)$ の極である．このとき，$G(s)$ は n 個のモードを持つ．このシステムの安定条件は以下で与えられる．

● システムの安定条件（stability condition）

伝達関数 $G(s)$ のシステムが安定であるための必要十分条件は，$a(s) = 0$ の根の実部がすべて負であることである．実部が非負の根が1つでもあればシステムは不安定である．

導出） 簡単のために，$a(s) = 0$ の根に重根がないとすると，ステップ応答は，

$$Y(s) = G(s) \frac{1}{s} \tag{6.8}$$

$$= \frac{r_1}{s-p_1} + \cdots + \frac{r_n}{s-p_n} + \frac{G(0)}{s} \tag{6.9}$$

と部分分数展開できる．ただし，$a(s)$ と $b(s)$ が既約なので，$r_i \neq 0, i = 1, 2, \cdots, n$ である．逆ラプラス変換は

$$y(t) = r_1 e^{p_1 t} + \cdots + r_n e^{p_n t} + G(0) \tag{6.10}$$

で表され，$\operatorname{Re} p_i < 0$，$i = 1, 2, \cdots, n$ であれば，すべてのモード $e^{p_i t}$ が $t \to \infty$ のときゼロに収束し，$y(t) \to G(0)$ になる．実部が正の極があれば，そのモード $e^{p_i t}$ は時間とともに発散し，$r_i \neq 0$ であるから $y(t)$ も発散する．さらに，一般的に極 $\lambda = \sigma + j\omega$ が r 重複した場合には，モードに $t^{i-1} e^{\lambda t}, i = 1, 2, \cdots, r$ が現れる．$t^{i-1}|e^{\lambda t}| = t^{i-1} e^{\sigma t}$ であり，さらに，$\sigma < 0$ であれば，$t^{i-1} e^{\sigma t} \to 0 \ (t \to \infty)$ である．これより，極が重複する場合もモードがゼロに収束し，システムは安定となる．

この安定条件より，$G(s)$ の極の実部がすべて負のとき $G(s)$ は**安定な伝達関数**といい，$G(s)$ の極の実部に非負のものが 1 つでもあれば $G(s)$ は**不安定な伝達関数**という．つぎの性質が成り立つ．

- $G(s)$ が安定な伝達関数であることと以下の条件は等価である．

  a) インパルス応答が $t \to \infty$ でゼロに収束する．

  b) ステップ応答が $t \to \infty$ で $G(0)$ に収束する．

導出） a) の場合にはインパルス応答は伝達関数の逆ラプラス変換であり，極の実部が負であれば部分分数展開のモードは時間の経過に伴いすべてゼロに収束するので，インパルス応答もゼロに収束する．1 つでも極の実部が非負のモードがあればインパルス応答はゼロに収束しない．b) の場合は上記の安定条件の導出で示した．

6.2 結合系の安定条件

$G_1(s)$ と $G_2(s)$ が次式で与えられるとき，これらの直列結合，並列結合，およびフィードバック結合の各システムの安定性を考えよう．

$$G_1(s) = \frac{b(s)}{a(s)}, \quad G_2(s) = \frac{d(s)}{c(s)} \tag{6.11}$$

ただし，$a(s)$ と $b(s)$ は既約，同様に $c(s)$ と $d(s)$ も既約とする．$\deg[a(s)]$ は多項式 $a(s)$ の次数を表し，$\deg[a(s)c(s)] > \deg[b(s)d(s)]$ とする．G_1 と G_2 がそれぞれ $\deg[a(s)]$ 個と $\deg[c(s)]$ 個のモードを持つので，この結合系は全体で $\deg[a(s)c(s)]$ 個のモードを持つ．

6.2.1 直列・並列結合の場合

直列結合と並列結合の伝達関数は，それぞれ，

$$G_1(s)G_2(s) = \frac{b(s)d(s)}{a(s)c(s)} \tag{6.12}$$

$$G_1(s) + G_2(s) = \frac{b(s)c(s) + a(s)d(s)}{a(s)c(s)} \tag{6.13}$$

であるので，結合系の極は $a(s)c(s) = 0$ の根であり，$G_1(s)$ と $G_2(s)$ の極に等しい．よって，直列結合や並列結合のモードは，結合前の各伝達関数のモードと同じであり，結合によりモードは変わらない．これより以下が成り立つ．

- $G_1(s)$ と $G_2(s)$ がともに安定であれば，直列結合の伝達関数 $G_1(s)G_2(s)$ や並列結合の伝達関数 $G_1(s) + G_2(s)$ は安定である．

6.2.2 フィードバック結合の場合

次式のネガティブフィードバック系を考えよう．

$$Y(s) = G_1(s)U(s) \tag{6.14}$$

$$U(s) = G_2(s)E(s) \tag{6.15}$$

$$E(s) = R(s) - Y(s) \tag{6.16}$$

目標値 $R(s)$ から制御量 $Y(s)$ への閉ループ伝達関数は

$$Y(s) = \frac{G_1(s)G_2(s)}{1 + G_1(s)G_2(s)} R(s) \tag{6.17}$$

$$= \frac{b(s)d(s)}{a(s)c(s) + b(s)d(s)} R(s) \tag{6.18}$$

となる．$\deg[a(s)c(s)] > \deg[b(s)d(s)]$ の仮定より，システムの次数は $\deg[a(s)c(s)]$ であり，分母 $a(s)c(s) + b(s)d(s)$ の次数はシステムの次数 $\deg[a(s)c(s)]$ に等しい．よって，方程式

$$a(s)c(s) + b(s)d(s) = 0 \tag{6.19}$$

の根はフィードバック系のすべてのモードを含んでおり，すべての根の実部が負であることがフィードバック系が安定であるための必要十分条件となる．

(6.19) 式を**特性方程式** (characteristic equation) といい，この方程式の根を**フィードバック系の極**という．また，(6.19) 式の左辺を**特性多項式** (characteristic polynomial) という．以上より，つぎの安定条件が得られる．

● フィードバック系の安定条件

フィードバック系が安定であるための必要十分条件は，特性方程式 (6.19) の根の実部がすべて負であることである．

$a(s)c(s)$ と $b(s)d(s)$ が共通因子を持たない場合には，特性方程式の根と

$$1 + G_1(s)G_2(s) = 0 \tag{6.20}$$

の解は一致するので，この式を特性方程式として用いることもできる．

例 6.1 $G_1(s) = \dfrac{1}{s+3}$, $G_2(s) = \dfrac{2}{s}$ のとき，フィードバック系の安定性を判別せよ．

解） 特性方程式は $s(s+3) + 2 = (s+1)(s+2) = 0$ で，フィードバック系の極 $s = -1, -2$ の実部が負であるのでフィードバック系は安定である．

直列結合や並列結合では結合前のモードが結合により変わらなかったが，フィードバック結合では結合によりモードが $a(s)c(s) + b(s)d(s) = 0$ の根のモードに変わる．このため，$G_1(s)$ と $G_2(s)$ が安定でもフィードバック系は不安定になり得るし，$G_1(s)$ が不安定でも $G_2(s)$ を適切に与えることでフィードバック系を安定化できる可能性がある．このようにフィードバック結合ではモードを変えることができる点で，直列結合や並列結合と異なっている．

6.2.3 極零点消去とフィードバック系の安定性

仮定より，$a(s)$ と $b(s)$ は既約なので共通因子はなく，同様に $c(s)$ と $d(s)$ は既約なので共通因子はない．しかしながら，$a(s)c(s)$ と $b(s)d(s)$ は共通因子があり得る．この場合には $G_1(s)G_2(s)$ の分母と分子の共通因子を消去できる．たとえば，

$$G_1(s) = \frac{1}{s+2}, \quad G_2(s) = \frac{s+2}{s+1} \tag{6.21}$$

の場合には，$a(s)$ と $b(s)$ は既約，$c(s)$ と $d(s)$ も既約であるが，

$$G_1(s)G_2(s) = \frac{1}{s+2}\frac{s+2}{s+1} = \frac{1}{s+1} \tag{6.22}$$

は，共通因子 $s+2$ が分母分子で打ち消されるので既約でない．これは G_1 の極 $s = -2$ と G_2 の零点 $s = -2$ が打ち消しあっており，**極零点消去**（pole-zero cancellation）という．

- $G_1(s)$ と $G_2(s)$ が分母と分子で共通因子 $q(s)$ を持つとき,フィードバック系の特性方程式の根は $q(s) = 0$ の根を含む.

導出) $a(s)$ と $d(s)$ が共通因子 $q(s)$ を持つとする.このとき,$a(s) = \tilde{a}(s)q(s)$, $d(s) = \tilde{d}(s)q(s)$ と表せるので,特性方程式は

$$\{\tilde{a}(s)c(s) + b(s)\tilde{d}(s)\}q(s) = 0 \tag{6.23}$$

と表せ,$q(s) = 0$ の根はフィードバック系の極となる.

上記より,つぎの性質が導かれる.
- 不安定な極零点消去がある場合には,フィードバック系は不安定である.

例 6.2 不安定な極零点消去のある

$$G_1(s) = \frac{1}{s-1}, \quad G_2(s) = \frac{s-1}{s+1} \tag{6.24}$$

に対し,フィードバック系の極を求め,安定性を判別せよ.

解) 特性方程式は $(s-1) + (s-1)(s+1) = (s-1)(s+2) = 0$ となり,極は $1, -2$ である.不安定極があるのでフィードバック系は不安定である.確かに極零点消去された不安定極 $s = 1$ がフィードバック系の極に現れている.

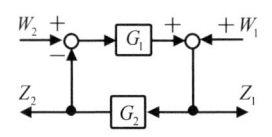

図 6.1 フィードバック系の内部安定性と入出力伝達特性

図 6.1 のフィードバック系を考えよう.このシステムには外部入力 W_1, W_2 が加わり,応答が Z_1, Z_2 で評価され,次式で表される.

$$Z_1 = W_1 + G_1(W_2 - Z_2) \tag{6.25}$$

$$Z_2 = G_2 Z_1 \tag{6.26}$$

(6.26) 式を (6.25) 式に代入し,整理すると,

$$Z_1 = \frac{1}{1 + G_1 G_2} W_1 + \frac{G_1}{1 + G_1 G_2} W_2 \tag{6.27}$$

が得られ,これを (6.26) 式に代入し

$$Z_2 = \frac{G_2}{1 + G_1 G_2} W_1 + \frac{G_1 G_2}{1 + G_1 G_2} W_2 \tag{6.28}$$

を得る.これより,(W_1, W_2) から (Z_1, Z_2) への閉ループ伝達関数は

$$\begin{bmatrix} Z_1 \\ Z_2 \end{bmatrix} = \begin{bmatrix} \frac{1}{1+G_1G_2} & \frac{G_1}{1+G_1G_2} \\ \frac{G_2}{1+G_1G_2} & \frac{G_1G_2}{1+G_1G_2} \end{bmatrix} \begin{bmatrix} W_1 \\ W_2 \end{bmatrix} \tag{6.29}$$

となる.

フィードバック系を構成する各ブロックには,すべて,大なり小なり有界な外部入力が加わると考えられるので,これに対して各ブロックの出力の応答が有界であることが必要である.すなわち,上記の 4 つの伝達関数がすべて安定な場合にフィードバック系が安定といえよう.実際につぎの例で示すように,1 つの伝達関数が安定でも 4 つの伝達関数が安定とは限らない.上記の 4 つの伝達関数がすべて安定であるときシステムのすべてのモードが減衰するので,フィードバック系は内部安定(internally stable)という.

例 6.3 不安定な極零点消去のあるつぎの場合を考えよう.例 6.2 で示したように,このフィードバック系は不安定である.

$$G_1(s) = \frac{1}{s-1}, \quad G_2(s) = \frac{s-1}{s+1} \tag{6.30}$$

このとき,(6.29) 式の伝達関数を求め,安定性を調べよ.

解) 閉ループ伝達関数は

$$\begin{bmatrix} Z_1 \\ Z_2 \end{bmatrix} = \begin{bmatrix} \frac{s+1}{s+2} & \frac{s+1}{(s-1)(s+2)} \\ \frac{s-1}{s+2} & \frac{1}{s+2} \end{bmatrix} \begin{bmatrix} W_1 \\ W_2 \end{bmatrix} \tag{6.31}$$

となる.(1, 2) 要素の伝達関数だけが不安定で,残りの伝達関数は安定である.

この例より,フィードバック系が不安定であっても安定な閉ループ伝達関数が存在する可能性があることが分かった.また,この例では,4 つの伝達関数の中に不安定なものが含まれていたので,4 つの伝達関数を調べることでフィードバック系が不安定であると判定できた.実際につぎのことが成り立つ.

- フィードバック系が安定であるための必要十分条件は,(6.29) 式の 4 つの閉ループ伝達関数がすべて安定であることである.

導出) このことは 4 つの伝達関数の極の中に極零点消去されたモードが必ず現れることから示される.すなわち,$b(s)$ と $c(s)$ に共通因子 $q(s)$ があるとして,$G_1 = \tilde{b}q/a, G_2 = d/(\tilde{c}q)$ とおくと,4 つの閉ループ伝達関数は次式で表される.

$(2,1)$ 要素の伝達関数に $q(s)$ が消されずに現れている.

$$\begin{bmatrix} Z_1 \\ Z_2 \end{bmatrix} = \begin{bmatrix} \frac{a\tilde{c}}{a\tilde{c}+\tilde{b}d} & \frac{\tilde{b}q\tilde{c}}{a\tilde{c}+\tilde{b}d} \\ \frac{ad}{(a\tilde{c}+\tilde{b}d)q} & \frac{\tilde{b}d}{a\tilde{c}+\tilde{b}d} \end{bmatrix} \begin{bmatrix} W_1 \\ W_2 \end{bmatrix} \tag{6.32}$$

演 習 問 題

6.1 以下の場合について,フィードバック系の特性方程式を示し,フィードバック系の極を求めよ.

(1) $P(s) = \dfrac{s+1}{s^2+s+1}, \quad K(s) = 3$

(2) $P(s) = \dfrac{s+1}{s^2+s+1}, \quad K(s) = \dfrac{s+3}{s+1}$

6.2 図 5.12 の安定性を説明せよ.ここに,

$$P = \frac{1}{s+2}, \quad K = \frac{1}{s}, \quad P_m = \frac{1}{s+1}, \quad F = \frac{5(s+2)}{s+5}$$

とする.

6.3 直列接続の系 $Y_1(s) = G(s)R(s)$, $Y_2(s) = H(s)Y_1(s)$ を考える. $t=0$ で初期値がゼロのときステップ入力 $r(t) = 1$ を加えた.以下のそれぞれの場合について,応答 $y_1(t)$ と $y_2(t)$ を求めよ.

(1) $G(s) = \dfrac{s-1}{s+1}, \quad H(s) = \dfrac{1}{s-1}$

(2) $G(s) = \dfrac{1}{s-1}, \quad H(s) = \dfrac{s-1}{s+1}$

Chapter 7

フィードバック制御系の定常特性

1章で述べた室温の制御では,制御目標は室温を設定温度25°Cに保つことであった.この目標を妨げる要因として,制御対象の特性が不正確であったり,外気温が変化するなどの未知な要因があることを述べ,このような不確定な要因があっても目標を達成する方法として,フィードバック制御が有用であることを述べた.本章では,望ましい定常特性を達成するためのフィードバック制御則の条件を与える.積分要素の働きと最終値の定理を用いた定常値の計算法を述べる.

7.1 定常特性の評価

図7.1のようにフィードバック制御系には目標値 R や外乱 D が加わり,つぎの定常特性の達成が望まれる.

1) 目標値に対して制御量が定常偏差なく(ずれることなく)追従する.
2) 外乱に対して制御量の定常値が十分に抑制される.

ここに,目標値のテスト信号としては,ステップ関数 $r(t) = 1$, ランプ関数 $r(t) = t$, 定加速度関数 $r(t) = t^2$ を用い,外乱のテスト信号としてはステップ関数 $d(t) = 1$ を用いることとする.

これらのテスト信号に対し定常特性を解析するために,2章で述べたラプラス変換の最終値定理を用いるので,この計算法を復習して各論に入ろう.

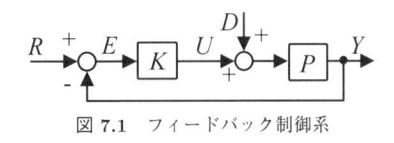

図 7.1 フィードバック制御系

信号 $y(t)$ のラプラス変換を $Y(s)$ とするとき,最終値定理により

$$y(\infty) = \lim_{s \to 0} sY(s) \tag{7.1}$$

が成り立つ．ただし，この定理は信号 $y(t)$ が $t \to \infty$ のとき一定値に収束する場合に限り適用できるので，$y(t)$ が発散したり正弦波のように一定値に落ち着かない場合には適用できない．$Y(s)$ が有理関数の場合には，$sY(s)$ の極の実部がすべて負であるならば最終値の定理を適用できる．この方法の利点は $y(t)$ を求めることなく，$Y(s)$ から $y(\infty)$ が直接に得られる点にある．

例 7.1 $Y(s) = \dfrac{b}{s^2 + a_1 s + a_2} U(s)$ のステップ応答の最終値 $y(\infty)$ を求めよ．

解) $Y(s) = \dfrac{b}{(s^2 + a_1 s + a_2)s}$ であるから，$sY(s)$ の極は $s^2 + a_1 s + a_2 = 0$ の根である．9.1 節で述べるラウスの安定判別法から，この根の実部が負であるための必要十分条件は $a_1 > 0, a_2 > 0$ となることである．よって，この条件下で $y(\infty) = \lim_{s \to 0} sY(s) = \dfrac{b}{a_2}$ が得られる．

7.2 ステップ目標値の場合

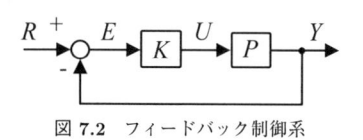

図 7.2 のフィードバック制御系が安定であるとする．このとき，図 7.3 のように目標値 $r(t) = 1$ に対して制御量 $y(t)$ は過渡応答を経て一定値に落ち着くが，定常値が実線のように目標値に一致する場合と破線のように一致しない場合がある．このずれを**定常偏差**（steady state error）といい，次式により定義される．

図 7.2 フィードバック制御系

$$e(\infty) = \lim_{t \to \infty} \{r(t) - y(t)\} \tag{7.2}$$

ステップ目標値に対する定常偏差は**定常位置偏差**といわれる．定常位置偏差がゼロになるための条件を説明しよう．

システムの型（system type）を定義する．システムの伝達関数に純粋な積分要素が ℓ 個含まれるとき，このシステムは ℓ 型の系といわれる．一巡伝達関数 $P(s)K(s)$ が ℓ 型であるとき，

7.2 ステップ目標値の場合

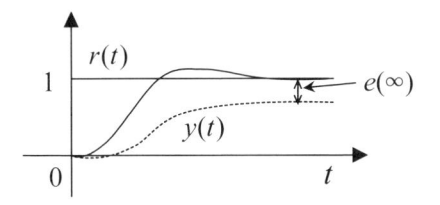

図 7.3 ステップ目標値と定常偏差

$$P(s)K(s) = \frac{1}{s^\ell}\frac{b(s)}{a(s)} \tag{7.3}$$

と表される．つぎの性質が成り立つ．

- フィードバック制御系が安定とする．定常位置偏差は，$P(s)K(s)$ が 0 型では $K_p = P(0)K(0)$ を用いて $e(\infty) = 1/(1+K_p)$ となり，$P(s)K(s)$ が 1 型以上では $e(\infty) = 0$ となる．

この K_p は**位置偏差定数**（position error constant）といわれる．

導出）目標値 $r(t)$ から制御偏差 $e(t)$ への特性は

$$E(s) = \frac{1}{1+P(s)K(s)}R(s) \tag{7.4}$$

であり，$R(s) = 1/s$ であるので，$sE(s) = 1/\{1+P(s)K(s)\}$ である．フィードバック制御系が安定なので $sE(s)$ のすべての極の実部が負なので，最終値定理より

$$e(\infty) = \lim_{s \to 0} sE(s) = \lim_{s \to 0} \frac{1}{1+\frac{1}{s^\ell}\frac{b(s)}{a(s)}} \tag{7.5}$$

を得る．これより，$\ell = 0$ のとき $e(\infty) = 1/\{1+P(0)K(0)\}$ であり，$\ell = 1, 2, 3, \cdots$ のとき $P(0)K(0) = \infty$ から $e(\infty) = 0$ である．

定常位置偏差がゼロの条件は $P(s)K(s)$ が 1 型以上でフィードバック制御系が安定化されていることであることが分かった．この性質より定常偏差は $P(s)$ の詳細な動特性には影響されないので，制御対象の特性が不確かでも定常偏差をゼロにできる．すなわち，積分制御により特性変動に対する定常値の**ロバスト**（**頑健**）**性**が達成できる．

例 7.2 図 7.2 のフィードバック制御系で制御対象の伝達関数は

$$P(s) = \frac{b}{1+s} \tag{7.6}$$

で，b は不確かなパラメータで区間 $[0.9, 1.1]$ にあるとする．つぎの 3 つの制御系について，ステップ目標値 $r(t) = 1$ に対する $y(t)$ の定常値を比較せよ．
  1) フィードバック制御なし：$K(s) = 0$ なので $u(t) = 1$ を加える．
  2) 比例制御：$K(s) = K_P$, $r(t) = 1$
  3) 積分制御：$K(s) = K_I/s$, $r(t) = 1$

解)
  1) $Y(s) = b/\{(1+s)s\}$ より $y(\infty) = b$ であるので，$y(\infty) \in [0.9, 1.1]$ である．
  2) $K(s) = K_P$ より 0 型なので，$y(\infty) = bK_P/(1 + bK_P)$ である．$K_P = 5$ に選ぶと，フィードバック制御系は安定で $y(\infty) \in [0.8182, 0.8462]$ である．
  3) $K(s) = K_I/s$ より 1 型なので，フィードバック制御系が安定であれば $y(\infty) = 1$ となり定常偏差をゼロにできる．$K_I = 0.7$ に選ぶとフィードバック制御系が安定であり，b の変動に対しロバストとなる．

$b = [0.9, 0.95, 1, 1.05, 1.1]$ に対する $y(t)$ の過渡応答を図 7.4 に示す．比例制御では定常値の変動幅は大きくないが，定常偏差は大きい．

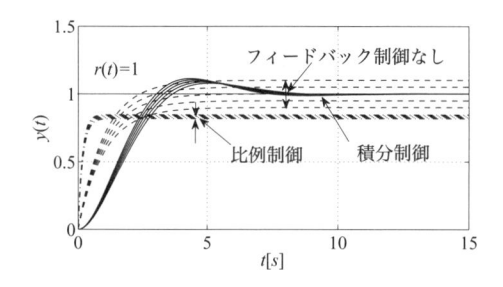

図 7.4 定常値のロバスト性の比較

7.3 ランプ目標値や定加速度目標値の場合

時間的に変化する目標値への追従はステップ関数への追従に比べて難しくなる．一定速度で増加するランプ関数 $r(t) = t$ $(t \geq 0)$ の目標値を用いて追従性能を評価すると，図 7.5 のような 3 種類の応答が得られる．ただし，フィードバック制御系は安定としている．破線は $y(t)$ が $r(t)$ に追従し偏差がゼロになり，実線は追

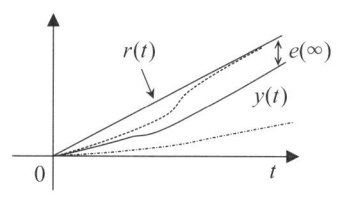

図 7.5 ランプ目標値と定常偏差

従するが偏差がゼロにならず一定値になり，一点鎖線は追従できずに定常偏差が無限大になる．ランプ目標値の場合の定常偏差 $e(\infty)$ を**定常速度偏差**という．つぎの性質が成り立つ．

- フィードバック制御系が安定とする．定常速度偏差は，$P(s)K(s)$ が 0 型では $e(\infty) = \infty$ となり，1 型では $K_v = \lim_{s \to 0} sP(s)K(s)$ を用いて一定値 $e(\infty) = 1/K_v$ となり，$P(s)K(s)$ が 2 型以上では $e(\infty) = 0$ となる．

この K_v は**速度偏差定数**（velocity error constant）といわれる．

導出） $r(t) = t$ のラプラス変換は $R(s) = 1/s^2$ であるので，

$$E(s) = \frac{1}{1 + P(s)K(s)} \frac{1}{s^2} = \frac{a(s)s^\ell}{a(s)s^\ell + b(s)} \frac{1}{s^2} \tag{7.7}$$

である．フィードバック制御系が安定であるので，$a(s)s^\ell + b(s) = 0$ の根 $p_i, i = 1, 2, 3, \cdots, n$ の実部が負である．簡略な記述のために p_i は互いに異なるとする．

1) $\ell = 0$ のとき，

$$E(s) = \frac{a(s)}{\{a(s) + b(s)\}s^2} \tag{7.8}$$

となり，$s = 0$ に 2 つの極がある．これは

$$E(s) = \frac{q_1}{s^2} + \frac{q_2}{s} + \sum_{i=1}^{n} \frac{c_i}{s - p_i} \tag{7.9}$$

と部分分数展開でき，ヘビサイドの展開定理より係数は次式で与えられる．十分に時間が経過するとき $e(t) \approx q_1 t + q_2$ である．

$$q_1 = \lim_{s \to 0} s^2 E(s) = \frac{1}{1 + P(0)K(0)} \tag{7.10}$$

$$q_2 = \frac{d}{ds} \left\{ \frac{1}{1 + P(s)K(s)} \right\} \bigg|_{s=0} \tag{7.11}$$

2) $\ell = 1$ のとき，

$$E(s) = \frac{a(s)}{\{a(s)s + b(s)\}s} \tag{7.12}$$

となり，$sE(s)$ が安定であるので偏差は一定値に収束し，最終値定理より

$$e(\infty) = \lim_{s \to 0} sE(s) = \frac{a(0)}{b(0)} = \left.\frac{1}{P(s)K(s)s}\right|_{s=0} \tag{7.13}$$

となる．

3) $\ell = 2, 3, \cdots$ のとき，

$$E(s) = \frac{a(s)s^{\ell-2}}{a(s)s^\ell + b(s)} \tag{7.14}$$

となり，$sE(s)$ が安定であるので，最終値定理より $e(\infty) = \lim_{s \to 0} sE(s) = 0$ なので偏差はゼロに収束する．

定加速度目標値の場合にはつぎの性質が成り立つ．

- フィードバック制御系が安定とする．$r(t) = t^2$ $(t \geq 0)$ に対し，$P(s)K(s)$ が 0 型と 1 型では $e(\infty) = \infty$ であり，2 型では $K_a = \lim_{s \to 0} s^2 P(s)K(s)$ より $e(\infty) = 2/K_a$ となり，3 型以上では $e(\infty) = 0$ となる．

この K_a は**加速度偏差定数**（acceleration error constant）といわれる．導出は同様にできるので省略する．以上の結果を表 7.1 に整理する．

表 7.1 制御系の型と目標値応答の定常偏差

型	ステップ入力	ランプ入力	加速度入力
0	$\dfrac{1}{1+K_p}$	∞	∞
1	0	$\dfrac{1}{K_v}$	∞
2	0	0	$\dfrac{2}{K_a}$

以上より，定常偏差をゼロにするには積分要素が重要な役割をしていることが分かった．これは内部モデル原理として一般化されている．

- 目標値に対する**内部モデル原理**（internal model principle）

フィードバック制御系が安定とする．目標値 $R(s)$ の $\mathrm{Re}\, s \geq 0$ のモードが一巡伝達関数 $P(s)K(s)$ のモードに含まれている場合に定常偏差がゼロになる．

たとえば，ステップ目標値は $R(s) = 1/s$ であるので，$s = 0$ のモードを持つ．この原理によれば，一巡伝達関数が $s = 0$ のモードを含めば定常偏差がゼロにな

る．一巡伝達関数が $s=0$ のモードを含むことは，一巡伝達関数が1型以上であることに他ならない．

例 7.3 角周波数が $\omega_0\,[\text{rad/s}]$ の正弦波の目標値に対し，出力が定常偏差なく追従する制御器を内部モデル原理より求めよ．

解）適当な定数 η_1, η_2 を用いて $R(s)=(\eta_1 s+\eta_2)/(s^2+\omega_0^2)$ と表せるので，目標値は $s=\pm j\omega_0$ のモードを持つ．内部モデル原理より一巡伝達関数が

$$P(s)K(s)=\frac{b(s)}{(s^2+\omega_0^2)a(s)} \tag{7.15}$$

となるように制御器を与える．このとき，

$$E(s)=\frac{1}{1+P(s)K(s)}R(s) \tag{7.16}$$

$$=\frac{a(s)(s^2+\omega_0^2)}{a(s)(s^2+\omega_0^2)+b(s)}\frac{\eta_1 s+\eta_2}{s^2+\omega_0^2} \tag{7.17}$$

$$=\frac{a(s)(\eta_1 s+\eta_2)}{a(s)(s^2+\omega_0^2)+b(s)} \tag{7.18}$$

となり，正弦波のモードが極零点消去される．よって，フィードバック制御系が安定であるように制御器を設計すれば，$E(s)$ の極の実部がすべて負なので，$e(t)\to 0\ (t\to\infty)$ となり，定常偏差がゼロになる．

7.4　ステップ外乱の場合

図 7.6 の系でフィードバック制御系が安定で，目標値がゼロとするとき，ステップ外乱 $d(t)=1$ の影響が図 7.7 のように出力応答 $y(t)$ に現れる．実線のように定常値がゼロにならない場合と破線のようにゼロになる場合がある．制御器の型と $y(t)$ の定常値についてつぎの性質が成り立つ．

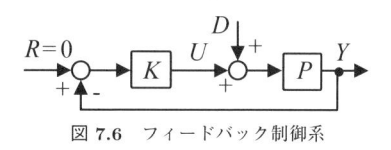

図 7.6　フィードバック制御系

- フィードバック制御系が安定とする．ステップ外乱に対し，出力は一定値 $y(\infty)$ に収束し，制御器 $K(s)$ が0型では $y(\infty)=P(0)/\{1+P(0)K(0)\}$ であり，1型以上では $y(\infty)=0$ である．

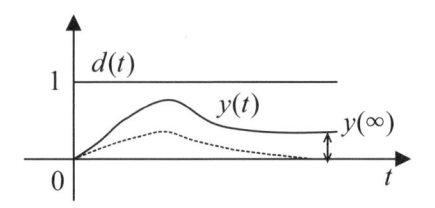

図 7.7 ステップ外乱と出力応答の定常値

導出) $\ell = \ell_1 + \ell_2$ とし $P(s)K(s)$ が ℓ 型,$P(s)$ が ℓ_1 型,$K(s)$ が ℓ_2 型と仮定し

$$P(s) = \frac{b(s)}{s^{\ell_1}a(s)}, \quad K(s) = \frac{d(s)}{s^{\ell_2}c(s)} \tag{7.19}$$

と表す.ステップ外乱 $D(s) = 1/s$ に対する出力は

$$Y(s) = \frac{P(s)}{1+P(s)K(s)}\frac{1}{s} = \frac{b(s)c(s)s^{\ell_2}}{a(s)c(s)s^{\ell}+b(s)d(s)}\frac{1}{s} \tag{7.20}$$

である.フィードバック制御系が安定であるので,$a(s)c(s)s^{\ell} + b(s)d(s) = 0$ の根の実部がすべて負である.よって,伝達関数 $sY(s)$ が安定であるから,最終値定理が適用できる.

1) $\ell_2 = 0$,$\ell_1 = 0$ のとき,

$$y(\infty) = \lim_{s \to 0} sY(s) = \frac{P(0)}{1+P(0)K(0)} \tag{7.21}$$

2) $\ell_2 = 0$,$\ell_1 = 1, 2, \cdots$ のとき,

$$y(\infty) = \lim_{s \to 0} sY(s) = \frac{1}{K(0)} \tag{7.22}$$

3) $\ell_2 = 1, 2, 3, \cdots$ のとき,

$$y(\infty) = \lim_{s \to 0} sY(s) = 0 \tag{7.23}$$

目標値に対する定常偏差は $P(s)K(s)$ の型 ℓ で決まるのに対し,外乱応答の定常値は $K(s)$ の型 ℓ_2 で決まる.この結果は以下のように一般化される.

- **外乱に対する内部モデル原理**

  フィードバック制御系が安定とする.外乱 $D(s)$ の $\mathrm{Re}\, s \geq 0$ のモードが,制御器の伝達関数 $K(s)$ のモードに含まれている場合に,外乱応答の定常値がゼロになる.

例 7.4 図 7.8 のシステムで

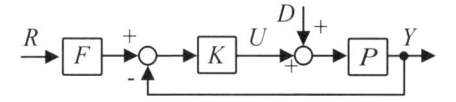

図 7.8 フィードバック制御系

$$P(s) = \frac{1}{s+0.1}, \quad K(s) = \frac{3.9s+3}{s}, \quad F(s) = \frac{3}{3.9s+3} \tag{7.24}$$

とする．ランプ外乱 $d(t) = t$ に対する定常値 $y(\infty)$ を求めよ．また，ステップ目標値 $r(t) = 1$ に対する定常値 $e(\infty) = r(\infty) - y(\infty)$ と $u(\infty)$ を求めよ．

解） 特性方程式は $1 + P(s)K(s) = 0$ より，$s^2 + 4s + 3 = (s+3)(s+1) = 0$ であるので，フィードバック制御系は安定である．ランプ外乱に対する応答は

$$Y(s) = \frac{P}{1+PK}D = \frac{s}{s^2+4s+3}\frac{1}{s^2}$$

であり，$sY(s)$ が安定より最終値定理が適用できるので，$y(\infty) = 1/3$ となる．ステップ目標値に対する応答は

$$E(s) = R - \frac{PKF}{1+PK}R = \frac{s^2+4s}{s^2+4s+3}\frac{1}{s}$$

$$U(s) = \frac{KF}{1+PK}R = \frac{(s+0.1)3}{s^2+4s+3}\frac{1}{s}$$

であり，$sE(s)$ と $sU(s)$ が安定より最終値定理を適用すると，$e(\infty) = 0$ および $u(\infty) = 0.1$ を得る．

演 習 問 題

7.1 図 7.6 のフィードバック制御系で，

$$P(s) = \frac{1}{s^2+3s+3}, \quad K(s) = \frac{1}{s}$$

とする．外乱 $d(t) = 0.1 + 0.1e^{-2t}$ に対する定常値 $y(\infty), u(\infty)$ を求めよ．

7.2 図 7.2 のフィードバック制御系で

$$P(s) = \frac{1}{(s+1)^3}, \quad K(s) = K_1 + \frac{K_2}{s}$$

とする．ランプ目標値 $r(t) = t$ に対して定常速度偏差が $|e(\infty)| < 1$ を満たすようにしたい．K_1, K_2 の満たすべき条件を求めよ．

Chapter 8

フィードバック制御系の過渡特性

フィードバック制御の目的として，制御量が目標値に速やかに追従すること，外乱から制御量への影響が速やかに抑制されることが挙げられる．そこで，過渡応答の良さを定量的に評価し解析設計に生かす方法が必要となる．本章では，ステップ目標値に対するフィードバック制御系の過渡応答を用いた評価指標を説明し，過渡応答と極配置の関係を述べる．

8.1 ステップ目標値応答の評価指標

フィードバック制御系のステップ目標値に対する**過渡応答**（transient response）を図 8.1 に示す．この図では，$y(\infty) = 1$，すなわち定常偏差がゼロの場合を考えている．評価指標を以下のように定義する．

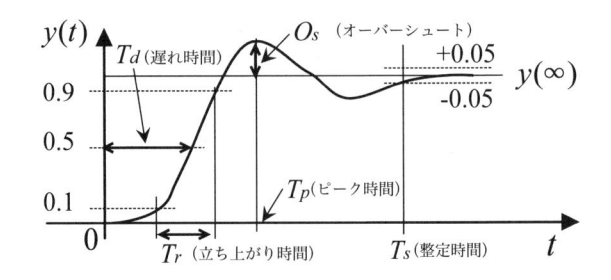

図 8.1 ステップ応答による評価指標：オーバーシュート O_s，遅れ時間 T_d，立ち上がり時間 T_r，整定時間 T_s

1) **オーバーシュート** O_s (overshoot)：最終値 $y(\infty)$ からの最大行き過ぎ量
2) **ピーク時間** T_p (peak time)：ステップ応答のピークを与える時間

3) 遅れ時間 T_d（delay time）：応答が最終値の 50% に達する時間
4) 立ち上がり時間 T_r（rise time）：応答が最終値の 10% から 90% に到達するに要する時間
5) 整定時間 T_s（settling time）：応答が最終値の $\pm 5\%$ 以内に落ち着くまでの時間．

オーバーシュート O_s は減衰特性の指標であり，遅れ時間 T_d と立ち上がり時間 T_r は速応性の指標である．整定時間 T_s は速応性と減衰特性の両方の指標である．

ステップ目標値に対するフィードバック制御系の過渡応答は

$$Y(s) = \frac{P(s)K(s)}{1+P(s)K(s)}\frac{1}{s} \tag{8.1}$$

で与えられるが，これは標準 1 次遅れ系の伝達関数や標準 2 次遅れ系の伝達関数

$$G(s) = \frac{K}{1+sT}, \ K>0, \ T>0 \tag{8.2}$$

$$G(s) = \frac{K\omega_n^2}{s^2+2\zeta\omega_n s+\omega_n^2}, \ K>0, \ \zeta>0, \ \omega_n>0 \tag{8.3}$$

のステップ応答に類似している場合が多い．そこで，立ち上がり時間，遅れ時間，オーバーシュート，整定時間を標準 1 次遅れ系や標準 2 次遅れ系のパラメータを用いて表しておくと，高次系のフィードバック制御系の特性を大雑把に評価したり設計指針を与えたりする際に参考になる．既に 3.4 節でこれらのステップ応答の特徴について述べたが，以下では上記の指標の計算式を与える．

標準 1 次遅れ系のステップ応答の場合

$$G(s) = \frac{K}{1+sT}, \ K>0, \ T>0 \tag{8.4}$$

に対して，ステップ応答の評価指標は以下で与えられる．

1) オーバーシュート：$O_s = 0$
2) 立上り時間：$T_r = -(\ln 0.1)T + (\ln 0.9)T \approx 2.2T$
3) 遅れ時間：$T_d = -(\ln 0.5)T \approx 0.7T$
4) 整定時間：$T_s = -(\ln 0.05)T \approx 3T$

標準 2 次遅れ系のステップ応答の場合

$$G(s) = \frac{K\omega_n^2}{s^2+2\zeta\omega_n s+\omega_n^2}, \ K>0, \ \zeta>0, \ \omega_n>0 \tag{8.5}$$

に対して評価指標は以下で与えられる．ただし，$K=1$ とする．なお，以下の近似式の精度はあまり高くない．

1) オーバーシュート：$0 < \zeta < 1$ で，
$$O_s = e^{-\pi\zeta/\sqrt{1-\zeta^2}}, \quad T_p = \frac{\pi}{\omega_n\sqrt{1-\zeta^2}} \tag{8.6}$$

2) 立上り時間：$T_r \approx \dfrac{1 + 1.15\zeta + 1.4\zeta^2}{\omega_n}$

3) 遅れ時間：$T_d \approx \dfrac{1 + 0.6\zeta + 0.15\zeta^2}{\omega_n}$

4) 整定時間：$T_s \approx \dfrac{3}{\zeta\omega_n}$

8.2 非最小位相系の過渡特性

制御対象が不安定な零点 $z_1 > 0$ を持つ場合を考えよう．
$$P(s) = \frac{(z_1 - s)\hat{b}(s)}{a(s)}, \quad K(s) = \frac{d(s)}{c(s)} \tag{8.7}$$
とおくと，目標値応答は
$$Y(s) = \frac{(z_1 - s)\hat{b}(s)d(s)}{a(s)c(s) + (z_1 - s)\hat{b}(s)d(s)} R(s) \tag{8.8}$$
と表される．6.2.3 項で述べたように，不安定な極零点消去が起こるとフィードバック制御系が不安定となるので，それは許されない．よって，つぎの性質がある．

- 制御対象が不安定な零点 $z_1 > 0$ を持つ場合には，$R(s)$ から $Y(s)$ への閉ループ伝達関数 $G(s)$ も不安定零点 z_1 を持つ．すなわち，$G(z_1) = 0$ である．

この $G(s)$ のように不安定零点を持つ安定な伝達関数のシステムを非最小位相系（non-minimum phase system）という．非最小位相系ではしばしば逆応答が見られる．$G(0) > 0$ とするとこれは図 8.2 のようにステップ応答が負の方向に振れてから正の方向に振れる現象であり，U_S をアンダーシュートという．

伝達関数の極と零点の実部がすべて負のとき，最小位相系（minimum phase system）といわれる．次式の規範モデルは最小位相系である．
$$G_0(s) = \frac{\omega_n^2}{s^2 + 2\zeta\omega_n s + \omega_n^2} \tag{8.9}$$
たとえば，不安定零点 z_1 を考慮した規範モデルとしては，$T_1 = 1/z_1$ とおいて

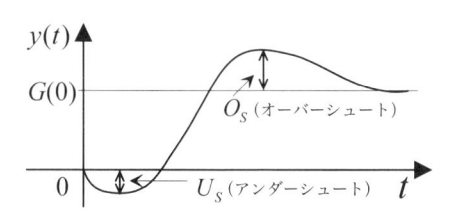

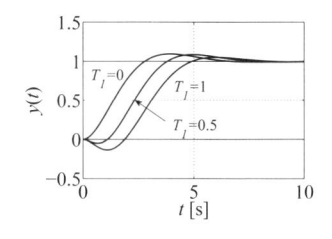

図 8.2 非最小位相系のステップ応答と逆応答　　図 8.3 非最小位相規範モデルのステップ応答

$$G(s) = \frac{\omega_n^2}{s^2 + 2\zeta\omega_n s + \omega_n^2} \frac{1 - T_1 s}{1 + T_1 s} \tag{8.10}$$

が考えられる．10 章で説明する周波数応答を用いると，ゲインと位相について

$$|G(j\omega)| = |G_0(j\omega)|, \quad \angle G(j\omega) = \angle G_0(j\omega) - 2\tan^{-1}(\omega T_1) \tag{8.11}$$

が成り立つ．最小位相系はゲイン特性が同じで位相遅れが最も小さいシステムを意味している．この例では $T_1 = 0$ のとき $\tan^{-1}(\omega T_1) = 0$ となり最小位相となる．図 8.3 に $\zeta = 0.6, \omega_n = 1, T_1 = 0, 0.5, 1$ の場合のステップ応答を示す．

8.3　望ましい極配置と代表極

フィードバック制御系が安定であるための条件はフィードバック制御系の極の実部がすべて負であることであった．これはすべての極が複素平面上の $\mathrm{Re}\, s < 0$ の領域内にあることである．安定性だけでなく，さらに過渡応答があまり振動的でなく速やかに減衰するためには，フィードバック制御系の極を図 8.4 の斜線部

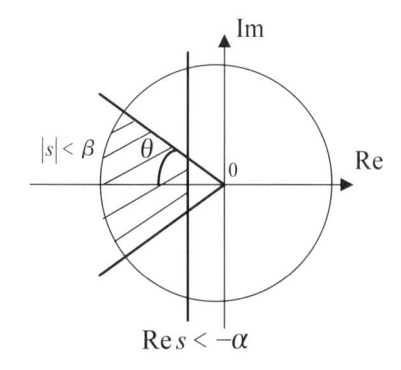

図 8.4　望ましい極配置

内に**極配置**（pole assignment）することが好ましい.
この領域は3つの条件式で表される.

$$\text{Re } s < -\alpha \tag{8.12}$$

$$\tan^{-1}\left|\frac{\text{Im } s}{\text{Re } s}\right| < \theta \tag{8.13}$$

$$|s| < \beta \tag{8.14}$$

1) 極 $s = \sigma + j\omega$ が (8.12) 式を満たすとき，$\sigma < -\alpha$ であり，このモードは

$$|e^{(\sigma+j\omega)t}| = e^{\sigma t} < e^{-\alpha t} \tag{8.15}$$

を満たすので，モードの減衰速度が保証される．虚軸に近い極があると初期値に対する応答の減衰が悪くなるので，すべてのモードがある程度速く減衰することが望ましい．フィードバック制御系の極の中で虚軸から十分に離れた極のモードは急速に減衰し，虚軸に近いモードが過渡応答に長く影響を与える場合が多い．この虚軸に近い実極や共役複素極を**代表極**（dominant pole）という.

2) 過渡応答の振動モードは2次方程式 $s^2 + 2\zeta\omega_n s + \omega_n^2 = 0$ の根として，$s = \left(-\zeta \pm j\sqrt{1-\zeta^2}\right)\omega_n$ で与えられる．根の実部が同じ大きさであるとき，虚部が大きいほど過渡応答が振動的に減衰する．(8.13) 式は角度 θ [deg] の扇形の領域を表し，根がこの領域にあるとき次式が成り立つ.

$$\tan^{-1}\left|\frac{\text{Im } s}{\text{Re } s}\right| = \tan^{-1}\left(\frac{\sqrt{1-\zeta^2}}{\zeta}\right) < \theta \tag{8.16}$$

これより，望ましい ζ に対する θ が表 8.1 のように与えられる．表中の望ましい $\zeta = 0.2, 0.4, 0.6, 0.8$ に対し，実部に対する虚部の大きさは，それぞれ，$\sqrt{1-\zeta^2}/\zeta = 4.9, 2.3, 1.3, 0.75$ であり，実部を -1 とした場合の極配置を図 8.5 に示す．これらの極に対応するモード $e^{-t}\sin\left(t\sqrt{1-\zeta^2}/\zeta\right)$ の過渡応答を図 8.6 に示す.

3) (8.14) 式は原点を中心とした円領域を表す．フィードバック制御系の極に

表 8.1 望ましい減衰係数と極配置制約

制御系	ζ	θ[deg]
サーボ系	$0.6 \sim 0.8$	$53 \sim 37$
プロセス系	$0.2 \sim 0.5$	$78 \sim 60$

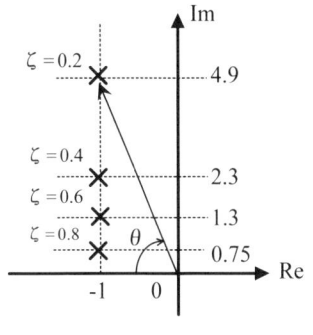

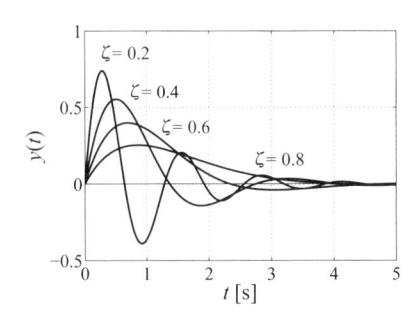

図 8.5 極配置と ζ

図 8.6 振動モードと ζ

絶対値が大きいものがあると，そのモードは速く減衰するが，同時に制御入力の振幅や時間変化率が大きくなる．一般に，制御対象の物理的制約から制御入力の振幅や変化率の大きさには常に制約があるので，制御入力が制約をなるべく満たすような配慮が必要である．

例 8.1 フィードバック制御系で

$$P(s) = \frac{1}{(s+2)^2}, \quad K(s) = \frac{0.7(s+3)}{s(s+1)} \tag{8.17}$$

とする．ステップ目標値応答と代表極の関係を調べよ．

解） r から y への閉ループ伝達関数は

$$G(s) = \frac{PK}{1+PK} = \frac{0.7(s+3)}{(s^2+4.436s+5.086)(s^2+0.564s+0.413)} \tag{8.18}$$

となり，フィードバック制御系の極は $-0.2820 \pm 0.5775j, -2.2180 \pm 0.4068j$ である．これより代表極は $-0.2820 \pm 0.5775j$ である．図 8.7 にステップ目標値に対する過渡応答を実線で示す．$G(s)$ は 4 次系であるが，2 次系に近い応答を示している．代表極が $-0.2820 \pm 0.5775j$ であるので，$G(s)$ を $G(s)$ の代表極を持ち定常ゲインが $\hat{G}(0) = 1$ となる次式の標準 2 次遅れ系の伝達関数で近似する．

$$\hat{G}(s) = \frac{0.413}{s^2+0.564s+0.413} \tag{8.19}$$

このステップ応答を図 8.7 の破線で示す．過渡応答をかなりよく近似できている．

例 8.2 目標値応答の閉ループ伝達関数が次式で与えられている．目標値応答と

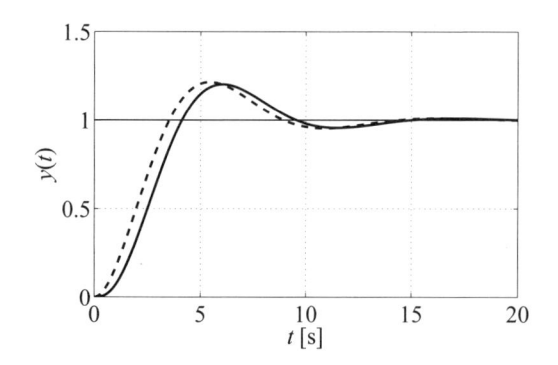

図 8.7 ステップ目標値応答と代表極による 2 次系近似

代表極の関係を考察せよ．

$$G(s) = \frac{15000(s+4)(s+2)}{(s+50.36)(s+3.763)(s+1.897)(s^2+12.48s+333.7)} \quad (8.20)$$

解）この系の極は $-1.897, -3.763, -6.2400 \pm 17.1686j, -50.36$ であるので，代表極は -1.897 である．しかしながら，このステップ応答は図 8.8 の実線のようになり，2 次系の応答に近い．そこで，振動極を用いて次式で近似する．

$$\hat{G}(s) = \frac{333.7}{s^2+12.48s+333.7} \quad (8.21)$$

このステップ応答を図 8.8 の破線で示す．代表極 -1.897 や -3.763 の応答への影響が小さいのは，極 $-1.897, -3.763$ がこれらに近い零点 $-2, -4$ でほぼ打ち消されたためと考えられる．このように近接した極と零点の組をダイポール（dipole）といい，これは近似的な極零点消去であり，そのモードは出力に現れにくい．このように入出力応答は代表極だけでは決まらない．

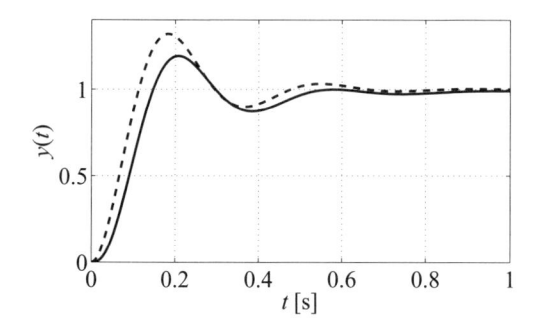

図 8.8 ステップ目標値応答と 2 次系近似

演 習 問 題

8.1 (8.4) 式の標準 1 次遅れ系の過渡応答の指標の公式について，遅れ時間の公式 $T_d \approx 0.7T$ を導出せよ．

8.2 つぎのフィードバック制御系の代表極を求め，標準 2 次遅れ系で近似し，ステップ応答を数値計算で比較せよ．

$$P(s) = \frac{1}{(s+1)^3}, \quad K(s) = \frac{0.3981(1+3.02s)}{s(1+0.518s)}$$

8.3 図 8.7 の実線で示されるステップ応答に対し，図 8.1 の評価指標を読み取れ．また，読み取った O_s と T_p の値を有する標準 2 次遅れ系の伝達関数を求めよ．

Chapter 9

伝達関数に基づくフィードバック制御系の安定解析と制御器設計

制御系の設計では，制御器や制御対象に含まれる調整パラメータの選定が行われる．本章では，伝達関数で表された制御系に調整パラメータが含まれる場合の安定解析や設計について述べる．ラウスの安定判別法では，特性方程式の根の実部がすべて負であることを判別する方法を述べる．根軌跡法では，比例ゲインを変えた場合にフィードバック制御系の極の軌跡を描く方法を述べる．制御対象が1次や2次の低次の場合に，規範モデルに閉ループ伝達関数をマッチングさせる制御器設計法を述べ，2自由度制御系について述べる．

9.1 ラウスの安定判別法

図 9.1 のシステムが安定となるゲイン K_1, K_2 の満たす条件は，特性方程式

$$s(s+1)^2 + K_1 s + K_2 = s^3 + 2s^2 + (K_1+1)s + K_2 = 0 \tag{9.1}$$

の根の実部がすべて負となることである．方程式の係数がすべて数値の場合には，代数方程式の根はコンピュータによる数値計算で容易に求められるので，安定判別できる．しかしながら，このように係数にパラメータが含まれる代数方程式の解は，次数が低い場合以外は解析的に求めることができない．

つぎの代数方程式

$$a_0 s^n + a_1 s^{n-1} + \cdots + a_{n-1} s + a_n = 0 \tag{9.2}$$

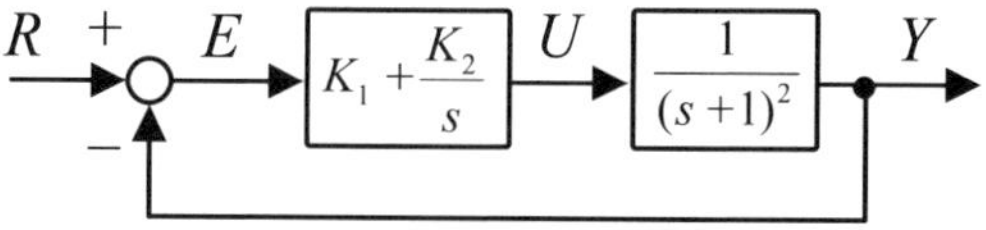

図 9.1 PI 制御器よるフィードバック制御系

を考えよう．なお，$a_0 < 0$ のときは全係数の符号を反転すればよいので，以下では $a_0 > 0$ とする．ラウスは根を求めずにこの方程式の根の実部がすべて負となる条件を与えた．この方法により代数方程式が安定となるためにパラメータが満たすべき条件が導出できる．フルビッツは等価な条件を後に与えたので，フルビッツの安定判別法も含めていう場合には，これらの方法をラウス・フルビッツの安定判別法（Routh-Hurwitz stability criterion）という．

- **ラウスの安定判別法** 特性方程式 (9.2) の根の実部がすべて負であるための必要十分条件は，以下の条件が成り立つことである．
    1) 係数 $a_0, a_1, \cdots, a_n$ がすべて正である．
    2) 特性方程式の係数からつぎの**ラウス表**（Routh table）を作り，左端の第 1 列（ラウス数列）がすべて正である．

    なお，不安定根があれば，第 1 列のいくつかが負となるが，その符号変化の回数が不安定根の数を与える．

ラウス表の作り方

第 1 行は，$a_0, a_2, a_4, \cdots$ のように，a_0 から 1 つおきに係数をとり，並べる．
第 2 行は，$a_1, a_3, a_5, \cdots$ のように，a_1 から 1 つおきに係数をとり，並べる．
第 3 行以降は，前の 2 行から次の規則で係数を計算し，並べる．

前の 2 行が

$$x_1 \quad x_2 \quad \cdots \quad x_i \quad x_{i+1} \quad \cdots \\ y_1 \quad y_2 \quad \cdots \quad y_i \quad y_{i+1} \quad \cdots \tag{9.3}$$

であるとき，新しい行

$$z_1 \quad z_2 \quad \cdots \quad z_i \quad z_{i+1} \quad \cdots \tag{9.4}$$

は，

$$z_i = \frac{-\det \begin{pmatrix} x_1 & x_{i+1} \\ y_1 & y_{i+1} \end{pmatrix}}{y_1} = \frac{-x_1 y_{i+1} + y_1 x_{i+1}}{y_1} \tag{9.5}$$

で与えられる．ここに，$\det A$ は行列 A の行列式を表す．

例 9.1 特性方程式が次式のシステムの安定性を判別せよ．

$$s^5 + 6s^4 + 15s^3 + 19s^2 + 14s + 5 = 0 \tag{9.6}$$

解）係数がすべて正であり最初の条件は満たされているので，ラウス表を調べる．以下のように，左の 3 列がラウス表を表し，右の式が係数 b_i の計算式である．最初の 2 行が方程式の係数を並べたものであり，3 行目以降は (9.5) 式の規則に従い順次求めている．ラウス表の第 1 列の要素 $1, 6, b_1, b_3, b_5, b_6$ がすべて正であるので，このシステムは安定である．

$$
\begin{array}{ccc|l}
1 & 15 & 14 & b_1 = -(1 \times 19 - 15 \times 6)/6 = 71/6 \\
6 & 19 & 5 & b_2 = -(1 \times 5 - 14 \times 6)/6 = 79/6 \\
b_1 & b_2 & 0 & b_3 = -(6 \times b_2 - 19 \times b_1)/b_1 = 875/71 \\
b_3 & b_4 & 0 & b_4 = -(6 \times 0 - 5 \times b_1)/b_1 = 5 \\
b_5 & 0 & 0 & b_5 = -(b_1 \times b_4 - b_2 \times b_3)/b_3 = 1464/175 \\
b_6 & 0 & 0 & b_6 = -(b_3 \times 0 - b_4 \times b_5)/b_5 = b_4 = 5
\end{array}
$$

例 9.2 特性方程式 (9.1) は次式で与えられた．根の実部がすべて負となる K_1, K_2 の条件を求めよ．

$$s^3 + 2s^2 + (K_1 + 1)s + K_2 = 0 \tag{9.7}$$

解）$a_0 = 1, a_1 = 2, a_2 = K_1 + 1, a_3 = K_2$ であるので，ラウス表は

$$
\begin{array}{ll}
1 & K_1 + 1 \\
2 & K_2 \\
\frac{2(K_1+1) - K_2}{2} & 0 \\
K_2 & 0
\end{array}
\tag{9.8}
$$

となる．係数が正の条件とラウス数列が正の条件より，安定条件は次式となる．

$$K_1 + 1 > 0, \quad K_2 > 0, \quad 2(K_1 + 1) - K_2 > 0 \tag{9.9}$$

安定性は制御系が満たすべき最も基本的な条件であるが，8.3 節で述べたようにフィードバック制御系のモードが適度な速さで減衰するためには，適当な $\alpha > 0$ に対してフィードバック制御系のすべての極が $\operatorname{Re} s < -\alpha$ を満たすことが望ましい．これが満たされるための必要十分条件の求め方をつぎの例で示す．

例 9.3 例 9.2 に対し，極の実部がすべて $-\alpha$ より小さくなる K_1, K_2 の条件を

$\alpha = 0.2$ に対して求めよ．

解） Re $s < -\alpha$ より，$\tilde{s} = s + \alpha$ とおくと，これは Re $\tilde{s} < 0$ に等価である．そこで，s の特性多項式を $\tilde{s}$ の多項式で表せば，この多項式の安定条件として解が与えられる．(9.7) 式に $s = \tilde{s} - \alpha$ を代入することで次式を得る．

$$\tilde{s}^3 + (2 - 3\alpha)\tilde{s}^2 + (3\alpha^2 - 4\alpha + K_1 + 1)\tilde{s}$$
$$+ \{-\alpha^3 + 2\alpha^2 - (K_1 + 1)\alpha + K_2\} = 0 \qquad (9.10)$$

この方程式に $\alpha = 0.2$ としてラウスの安定判別法を適用すると次式が得られる．

$$0.32 + K_1 > 0, \quad -0.128 - 0.2K_1 + K_2 > 0$$
$$1.4(0.32 + K_1) - (-0.128 - 0.2K_1 + K_2) > 0$$

表記を簡略にするために $a_0 = 1$ とすると，$n = 1, 2, 3, 4$ について安定条件は以下のようになる．これより，多項式の係数が正の条件は，1次系と2次系では必要十分条件となり，3次系以上では必要条件となる．

$$
\begin{array}{lll}
1) & s + a_1 = 0, & a_1 > 0 \\
2) & s^2 + a_1 s + a_2 = 0, & a_1 > 0, \ a_2 > 0 \\
3) & s^3 + a_1 s^2 + a_2 s + a_3 = 0, & a_1 > 0, \ a_2 > 0, \ a_3 > 0, \\
& & a_1 a_2 - a_3 > 0 \\
4) & s^4 + a_1 s^3 + a_2 s^2 + a_3 s + a_4 = 0, & a_1 > 0, \ a_2 > 0, \ a_3 > 0, \ a_4 > 0, \\
& & (a_1 a_2 - a_3)a_3 - a_1^2 a_4 > 0
\end{array}
\qquad (9.11)
$$

9.2 根軌跡法と制御器の設計

9.2.1 根 軌 跡 法

図 9.2 のフィードバック制御系において比例ゲイン K をパラメータとし，K を 0 から $+\infty$ に連続に変化させるとき，特性方程式の根は連続的に変化する．これを複素平面上に描いた軌跡を**根軌跡**（root locus）

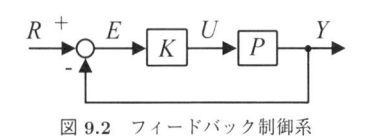

図 9.2 フィードバック制御系

という．根軌跡の図示では，$P(s)$ の極を × 印，零点を ○ 印で表し，K が増加するとき根の移動方向を示す矢印を根軌跡につけることもある．8.3 節で述べたように，極配置によりフィードバック制御系の安定性や減衰の良さが分かるので，根軌跡から K を選定できる．

まず，つぎの簡単な数値例を通して根軌跡の性質を見ておこう．

例 9.4 $P(s) = \dfrac{1-s}{s(s+1)}$ に対し根軌跡を描け．

解） 特性方程式は

$$1 + K\frac{1-s}{s(s+1)} = 0 \tag{9.12}$$

より

$$s^2 + (1-K)s + K = 0 \tag{9.13}$$

である．この方程式は 2 根持つので軌跡が 2 本ある．この例では，2 次方程式の根の公式によりつぎの 2 根が陽に求められる．$K^2 - 6K + 1 = 0$ のときに重根となり，これは $K = 3 \pm \sqrt{8}$ で満たされる．

$$s = \frac{K - 1 \pm \sqrt{K^2 - 6K + 1}}{2} \tag{9.14}$$

軌跡の出発点の $K = 0$ では，$s(s+1) = 0$ より根は $P(s)$ の極 $s = 0,\ -1$ である．終着点の $K \to \infty$ では

$$-\frac{1}{K} = \frac{1-s}{s(s+1)} \to 0 \tag{9.15}$$

であるので，これは $s \to 1$ か，$s \to \infty$ で満たされる．$s = 1$ は $P(s)$ の零点であり，$s = \infty$ は無限遠点の零点である．ラウスの安定判別法よりこのフィードバック制御系は $1 - K > 0$，$K > 0$ で安定であり，$K = 1$ で安定限界となる．また，根軌跡が実軸上にある場合には，s が実数であり，かつ，$K \geq 0$ であるので，不等式

$$-\frac{1}{K} = \frac{1-s}{s(s+1)} \leq 0 \tag{9.16}$$

を満たす実数 s の区間に根軌跡が存在する．これより，$-1 \leq s \leq 0, 1 \leq s$ の区間に根軌跡がある．

根軌跡は図 9.3 のようになる．2 つの根が $K = 0$ で 0，-1 から出発し，それぞ

れ，実軸上を移動し，$K = 3 - \sqrt{8} = 0.1716$ で 2 つの分枝が重なり，上下に垂直に分かれる．そして，$K = 1$ で虚軸を横切り，再び $K = 3 + \sqrt{8} = 5.8284$ で重なる．$K \to +\infty$ のとき，実軸上を，1 つは $s = 1$ に収束し，もう 1 つは，$s = \infty$ に発散する．

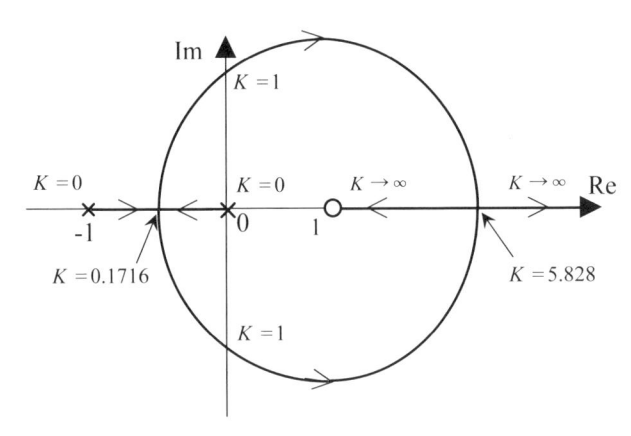

図 9.3 $(1-s)/\{s(s+1)\}$ の根軌跡

一般的な伝達関数の場合には，以下の根軌跡の性質を用いて根軌跡の概略が描ける．

$$P(s) = \frac{(s - z_1)(s - z_2) \cdots (s - z_m)}{(s - p_1)(s - p_2) \cdots (s - p_n)} \tag{9.17}$$

であり，$n > m$ とする．一巡伝達関数 $KP(s)$ の極は $p_1, p_2, \cdots, p_n$，零点は $z_1, z_2, \cdots, z_m$ であり，特性方程式は次式で与えられる．

$$(s - p_1)(s - p_2) \cdots (s - p_n) + K(s - z_1) \cdots (s - z_m) = 0 \tag{9.18}$$

根軌跡の性質

1) 根軌跡の分枝の数は n であり，実軸に対称である．
2) 根軌跡は $K = 0$ のとき $P(s)$ の極 $p_1, p_2, \cdots, p_n$ から出発する．
3) $K \to +\infty$ のとき，m 個の分枝が $P(s)$ の零点 $z_1, z_2, \cdots, z_m$ に収束し，残りの $n - m$ 個の分枝が無限遠点に発散する．後者の $n - m$ 個の分枝は，実軸との交点が β で実軸正方向と成す角 θ_k $(k = 0, 1, \cdots, n - m - 1)$ の

$n-m$ 本の直線に漸近する．ここに，

$$\beta = \frac{\sum_{i=1}^{n} p_i - \sum_{j=1}^{m} z_j}{n-m} \qquad (9.19)$$

$$\theta_k = \frac{\pi + 2k\pi}{n-m} \qquad (9.20)$$

である．

4) $P(s)$ の実数の極と実数の零点で実軸が線分に分割されるとき，実軸上の点 s の右側にある実数の極と実数の零点の個数の総数が奇数であれば，その点 s を含む線分は根軌跡の一部である．

5) 実軸上にある根軌跡が分岐する点（breakaway point）s では

$$\frac{d}{ds}\left(\frac{1}{P(s)}\right) = 0 \qquad (9.21)$$

が成り立つ．

性質3から，$P(s)$ の零点の実部に正のものがある場合には，K を大きくしていくとフィードバック制御系が不安定になる．また，性質3の漸近線の角度 θ_k を，$n-m=1,2,3$ について図9.4に示す．これより，分母と分子の相対次数が3以上ある場合には，K を大きくしていくと根軌跡の一部の分枝が右半平面に入るのでフィードバック制御系が不安定になる．

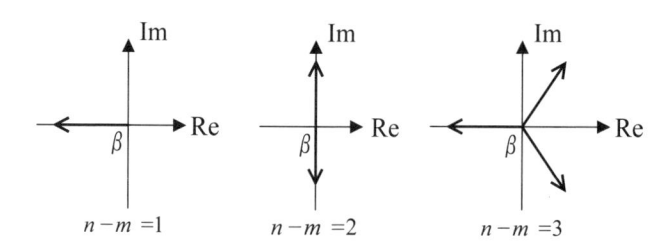

図 9.4 根軌跡の漸近線の角度 θ_k と相対次数 $n-m$

例 9.5

$$P(s) = \frac{s+2}{(s+1)(s+3)(s+4)(s+5)} \qquad (9.22)$$

に対し，K を 0 から ∞ に連続に変えたときの根軌跡を描け．

解）

1) 根軌跡の分枝の数は $n=4$ であり，実軸に対称である．

2) 根軌跡は $P(s)$ の極 $-1, -3, -4, -5$ から出発する．
3) $K \to +\infty$ のとき，1個の分枝が $P(s)$ の零点 -2 に収束し，残りの3個の分枝が無限遠点に発散する．後者の3個の分枝は，実軸との交点が β で実軸正方向と成す角 $\theta_k, k = 0, 1, 2$ の3本の直線に漸近する．ここに，

$$\beta = \frac{-1-3-4-5-(-2)}{4-1} = -\frac{11}{3} \tag{9.23}$$

$$\theta_k = \frac{\pi + 2k\pi}{4-1} = \frac{\pi}{3}(2k+1), \quad k = 0,\ 1,\ 2 \tag{9.24}$$

4) 実軸上において，$P(s)$ の極 $-1, -3, -4, -5$ と零点 -2 により，実軸が6つの線分に分割される．これらの区間の中で，

$$-\frac{1}{K} = \frac{s+2}{(s+1)(s+3)(s+4)(s+5)} \leq 0 \tag{9.25}$$

となる実数 s の区間に根軌跡がある．すなわち，$s \leq -5$, $-4 \leq s \leq -3$, $-2 \leq s \leq -1$ となる．これは根軌跡の性質4を用いても得られる．

図9.5に根軌跡を示す．破線は漸近線を表す．

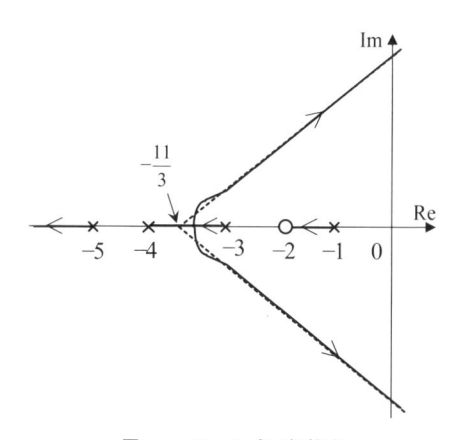

図 9.5 (9.22)式の根軌跡

9.2.2 設 計 例

制御対象 $P(s)$ に制御器 $\alpha K(s)$ を用いると，フィードバック制御系の極が $1 + \alpha P(s)K(s) = 0$ の根で与えられる．α を 0 から $+\infty$ に増加させて根軌跡を描き，根が図8.4の望ましい領域内にあるような α を選定する．また，根軌跡

が望ましい領域に入るように，根軌跡の性質を用いて，$K(s)$ の極と零点を適切に選定する．数値例で I, PI, PD の各制御器の追加による根軌跡の変化を観察する．現在では根軌跡はソフトウエアを利用してコンピュータで容易に描けるので，以下の例ではコンピュータで描いている．

例 9.6 $P(s) = \dfrac{1}{(s+1)(s+3)}$ に対し，定常偏差をゼロにするために I 制御器 $K(s) = 1/s$ を用いる．根軌跡を描き，適当なゲイン α を選べ．

解)

$$P(s)K(s) = \frac{1}{(s+1)(s+3)s} \tag{9.26}$$

の根軌跡は図 9.6 で与えられる．この場合には，-3 の極は無限遠点に，$0, -1$ の極は漸近線に従い右半平面に移動する．ラウスの安定判別法より，$s^3 + 4s^2 + 3s + \alpha = 0$ は $0 < \alpha < 12$ で安定であるので，$\alpha = 12$ で複素根が虚軸を横切る．また，(9.21) 式より $d(s^3 + 4s^2 + 3s)/ds = 3s^2 + 8s + 3 = 0$ は $s = -2.2153, \ -0.4514$ で満たされる．図 9.6 より $s = -0.4514$ で根が分岐する．この極を与える α は $\alpha = -1/\{P(s)K(s)\}$ に $s = -0.4514$ を代入することで得られ，$\alpha = 0.6311$ となる．よって，$\alpha = 0.631$ で実軸上の根軌跡が分岐する．$0.631 < \alpha < 12$ の範囲で複素極の実部と虚部がほぼ等しくなるように $\alpha = 1.5$ に選ぶと，極配置は $(s+1)(s+3)s + 1.5 = 0$ の根より $-3.211, \ -0.3944 \pm j0.5582$ となる．このときのステップ目標値応答を図 9.7 に示す．

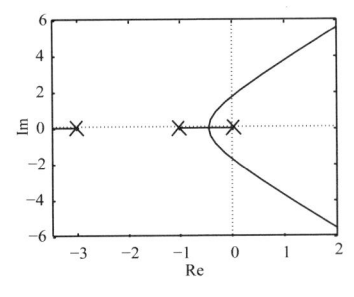

図 9.6 $1/\{(s+1)(s+3)s\}$ の根軌跡

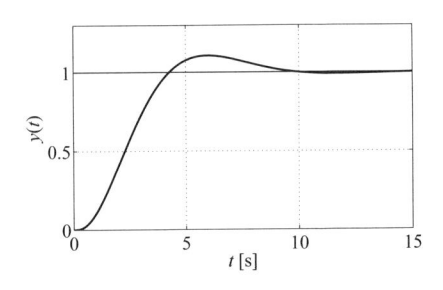

図 9.7 ステップ応答

例 9.7 PI 制御器 $K(s) = (s+b)/s$ を用いることで，新たに零点 $s = -b$ が追加される．根軌跡を描き，適当な α と b を選定せよ．

解)
$$P(s)K(s) = \frac{s+b}{(s+1)(s+3)s} \tag{9.27}$$

である．$b = 2$ の場合の根軌跡を図 9.8 に示す．α を大きくすると -3 の極は零点 $s = -b$ に漸近し，$0, -1$ の極は漸近線に従い無限遠点に漸近する．この漸近線の実軸の値を与える β は

$$\beta = \frac{(-1-3+0)-(-b)}{3-1} = \frac{b-4}{2} \tag{9.28}$$

で与えられ，$\beta = -1$ が適当と考えたので $b = 2$ に選定した．根軌跡の複素極の配置から適当に $\alpha = 1.8$ に選ぶと極配置は $(s+1)(s+3)s + 1.8(s+2) = 0$ の根より，$-2.723, -0.6385 \pm j0.9552$ となる．このときのステップ目標値応答を図 9.9 に示す．

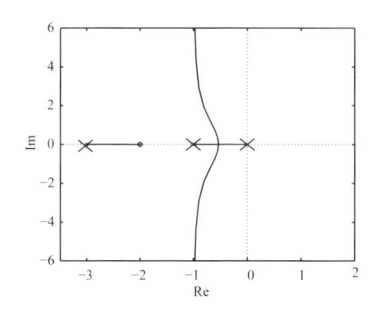

図 9.8　$(s+2)/\{(s+1)(s+3)s\}$ の根軌跡

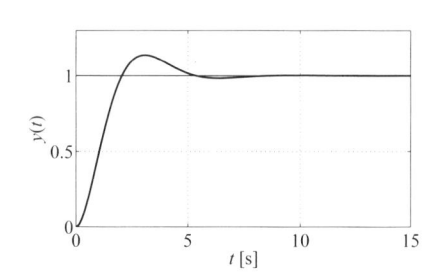

図 9.9　ステップ応答

例 9.8 不安定極 1, 3 を持つ

$$P(s) = \frac{1}{(s-1)(s-3)} \tag{9.29}$$

に PD 制御器 $K(s) = s+2$ を用いる場合の根軌跡を描け．

解)
$$P(s)K(s) = \frac{s+2}{(s-1)(s-3)} \tag{9.30}$$

の根軌跡は図 9.10 で与えられる．1, 3 の極が零点 $s = -2$ と負の無限遠点に漸近するので，PD 制御器により安定化される．

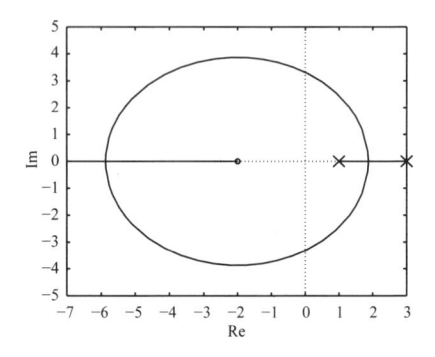

図 9.10　$(s+2)/\{(s-1)(s-3)\}$ の根軌跡

9.3　モデルマッチングによる制御器の設計

9.3.1　モータの PID 制御

4.1.3 項の (4.40) 式から，直流サーボモータの駆動電圧 $u(t)$ から角速度 $\omega(t)$ と角度 $\theta(t)$ の関係はラプラス変換を用いて次式で表される．

$$\Omega(s) = \frac{b}{s+a}U(s) \tag{9.31}$$

$$\Theta(s) = \frac{1}{s}\Omega(s) \tag{9.32}$$

ここに，$a = (RD + K_T K_e)/(JR)$, $b = K_T/(JR)$ である．

角速度の制御　角速度 $\omega(t)$ をステップ目標値に追従させるために，図 9.11 の **I–P 制御系**と図 9.12 の **PI 制御系**について，閉ループ伝達関数を規範モデルの伝達関数に一致させる**モデルマッチング**（model matching）による設計を行う．

ところで，より一般的な用語として，図 9.11 のように，外側の主ループの内側に，この系では K_p による，マイナーなフィードバックループを構成する補償を**フィードバック補償**という．これを「I–P 制御」のように「主ループ要素–マイナーループ要素」の制御器と呼ぶことにする．図 9.12 のように，制御対象に直列に補償器を配置し直結フィードバック制御系を構成する補償を**直列補償**という．

まず，I–P 制御系は次式で表される．

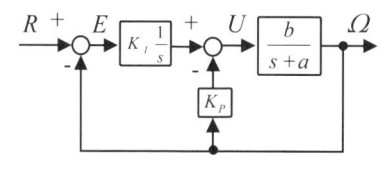

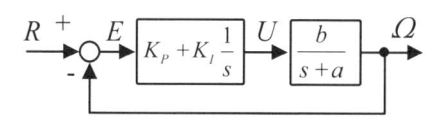

図 9.11 I–P 制御系のブロック線図

図 9.12 PI 制御系のブロック線図

$$\Omega(s) = \frac{b}{s+a}U(s) \tag{9.33}$$

$$U(s) = \frac{K_I}{s}\{R(s) - \Omega(s)\} - K_P \Omega(s) \tag{9.34}$$

上式より，$R(s)$ から $\Omega(s)$ への閉ループ伝達関数が

$$\Omega(s) = \frac{bK_I}{s^2 + (a+bK_P)s + bK_I}R(s) \tag{9.35}$$

であるので，これは次式の標準2次遅れ系の伝達関数に一致させることができる．

$$\Omega(s) = \frac{\omega_n^2}{s^2 + 2\zeta\omega_n s + \omega_n^2}R(s) \tag{9.36}$$

係数比較により I–P 制御器のゲインは次式で与えられる．

$$K_I = \frac{\omega_n^2}{b}, \quad K_P = \frac{2\zeta\omega_n - a}{b} \tag{9.37}$$

つぎに，PI 制御系は次式で表される．

$$\Omega(s) = \frac{b}{s+a}U(s) \tag{9.38}$$

$$U(s) = \left(K_P + \frac{K_I}{s}\right)\{R(s) - \Omega(s)\} \tag{9.39}$$

上式より，$R(s)$ から $\Omega(s)$ への閉ループ伝達関数が

$$\Omega(s) = \frac{b(K_P s + K_I)}{s^2 + (a+bK_P)s + bK_I}R(s) \tag{9.40}$$

となる．これは (9.36) 式の標準2次遅れ系の伝達関数に完全には一致させられないので，分母のみを一致させる．すなわち，極配置により設計する．一致の条件式は I–P 制御系と同じであるので (9.37) 式の調整則が得られる．

角度の制御 角度 $\theta(t)$ をステップ目標値 $r(t)$ に追従させるために，2つのフィードバック制御系を示す．

まず，図 9.13 の **I–PD** 制御を用いる場合を説明する．このフィードバック制御系は次式で表され，

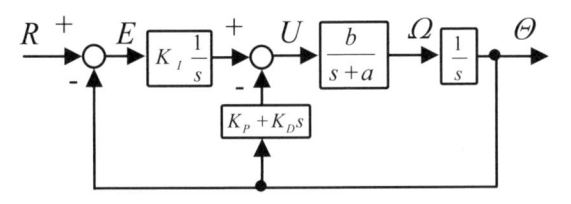

図 **9.13** I–PD 制御系のブロック線図

$$\Theta(s) = \frac{b}{s(s+a)}U(s) \tag{9.41}$$

$$U(s) = \frac{K_I}{s}\{R(s) - \Theta(s)\} - (K_P + K_D s)\Theta(s) \tag{9.42}$$

フィードバック制御系の伝達関数が次式で与えられる.

$$\Theta(s) = \frac{bK_I}{s^3 + (a+bK_D)s^2 + bK_P s + bK_I}R(s) \tag{9.43}$$

望ましい極配置から分母の望ましい多項式が次式で与えられるとする.

$$(s+\mu)(s^2 + 2\zeta\omega_n s + \omega_n^2)$$
$$= s^3 + (2\zeta\omega_n + \mu)s^2 + (\omega_n^2 + 2\zeta\omega_n\mu)s + \mu\omega_n^2 \tag{9.44}$$

これを (9.43) 式の分母の係数と一致させることで,つぎの調整則が得られる.

$$K_P = \frac{\omega_n^2 + 2\zeta\omega_n\mu}{b}, \quad K_I = \frac{\mu\omega_n^2}{b}, \quad K_D = \frac{2\zeta\omega_n + \mu - a}{b} \tag{9.45}$$

この系では特性多項式が3次であるので,係数比較により条件式の数が3となった.I-PD 制御器では独立に調整可能なパラメータ数が同数の3個であるので,解が一意に得られた.制御対象の次数が3次以上になると,特性多項式の次数も高くなるために,PID 制御器では完全なマッチングは行えない.完全なマッチングのためには制御器の次数や係数の自由度を高くすることが必要である.制御対象の次数に依存しない設計法は 10 章以降の周波数応答に基づく設計法で述べる.

部分的なマッチングによる方法として**部分的モデルマッチング法**があるので,言及しておく.これは PID ゲインをパラメータに含む目標値応答の閉ループ伝達関数 $G(s)$ に対して $1/G(s)$ を $s=0$ でテイラー展開し,s の低次の係数から順に望ましい伝達関数の展開係数と一致するように PID ゲインを決定する方法である.望ましい展開係数として,オーバーシュートが 10% の場合には

$$\frac{1}{G(s)} = 1 + \sigma s + \frac{1}{2}\sigma^2 s^2 + \frac{3}{20}\sigma^3 s^3 + \frac{3}{100}\sigma^4 s^4 + \cdots \tag{9.46}$$

が用いられ，オーバーシュートなしの場合には次式が用いられる．

$$\frac{1}{G(s)} = 1 + \sigma s + \frac{3}{8}\sigma^2 s^2 + \frac{1}{16}\sigma^3 s^3 + \frac{1}{256}\sigma^4 s^4 + \cdots \tag{9.47}$$

3.4.2項のスケール変換で説明したように $\sigma > 0$ が小さいほど目標値応答が速くなる．マッチングが適切である範囲でなるべく小さい σ を選定する．

例 9.9 $P(s) = \dfrac{b}{1+sT}e^{-sL}$ に対し，PI制御器 $K(s) = K_P\left(1 + \dfrac{1}{sT_I}\right)$ を部分的モデルマッチング法で設計せよ．$T=1, b=1, L=0.3$ に対して，適当な σ を与え，閉ループ系のステップ目標値応答を示せ．

解)
$$\frac{1}{G} = 1 + \frac{1}{PK} = 1 + \frac{T_I}{bK_P}s\frac{1+sT}{1+sT_I}e^{-sL} = 1 + \frac{T_I}{bK_P}s + \frac{T_I}{bK_P}(T-T_I+L)s^2 + \cdots \tag{9.48}$$

この展開係数が (9.46) の係数と一致する条件から，次式の調整則が得られる．

$$K_P = \frac{T_I}{b\sigma}, \quad T_I = T + L - \frac{1}{2}\sigma \tag{9.49}$$

$\sigma = 0.35, 0.5, 1, 1.5$ に対して，ステップ目標値応答を図9.14に示す．σ が小さいほど立ち上がりが速くなっている．小さすぎると振動的になっている．

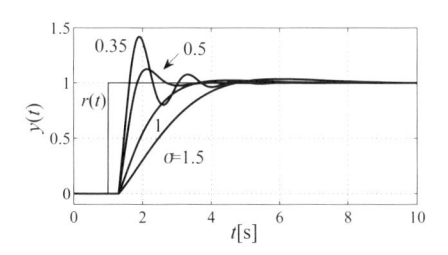

図 **9.14** 速応性の調整パラメータ σ と目標値応答

つぎに，図9.15について別のゲイン設定の考え方を説明する．これは角速度制御のためのPI制御器による局所フィードバック制御系に，角度制御のためのPI制御器を外側に施したものである．U_2 から Ω への局所ループの伝達関数が

$$\frac{\Omega(s)}{U_2(s)} \approx 1 \tag{9.50}$$

で近似できるように K_{P1} と K_{I1} を設定する．位置制御の応答速度よりも速度制

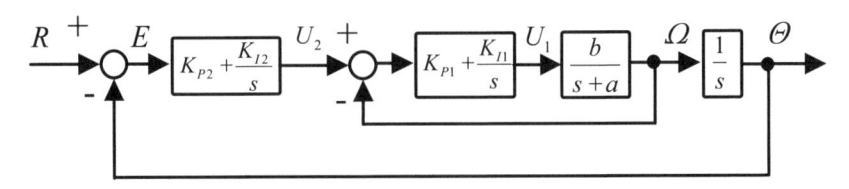

図 9.15 局所フィードバック制御系のブロック線図

御の応答速度が十分に速くなるように K_{P1}, K_{I1} を設定することで，この近似は成り立つ．このとき，位置制御系の R から Θ への伝達関数が

$$\frac{\Theta(s)}{R(s)} \approx \frac{K_{I2}}{s^2 + K_{P2}s + K_{I2}} \quad (9.51)$$

と近似できるので，K_{P2} と K_{I2} を容易に設定できる．

9.3.2 2自由度制御系

制御系設計では，良好な目標値応答を実現するとともに，外乱抑制を達成することが要求される．これは目標値 r から制御量 y への伝達関数 $G_{yr}(s)$ と外乱 d から制御量 y への伝達関数 $G_{yd}(s)$ の2つの伝達関数を設定することに帰着される．フィードバック制御器だけでは，これら2つの閉ループ伝達関数を独立に設定できないので，この系を **1自由度制御系** (one degree of freedom) という．そこで，フィードバック制御器とフィードフォワード制御器を用いると2つの閉ループ伝達関数を独立に設定でき，そのような系を **2自由度制御系** という．2つの伝達関数を独立に設計できるので，設計が容易となり特性が改善されることも多い．

2自由度制御系の構成はいくつか提案されており，図9.16に代表的な例を示す．図 9.16 の系は，フィードフォワード要素 $F(s)$ および $M(s)$ とフィードバック要素 $K(s)$ から構成される．この系が安定であるための条件は，$F(s)$ と $M(s)$ が安定，かつ，$P(s)$ と $K(s)$ からなる閉ループ系が安定であることである．

閉ループ伝達関数は

$$G_{yr} = \frac{P(F + KM)}{1 + PK}, \quad G_{yd} = \frac{P}{1 + PK} \quad (9.52)$$

図 9.16 2自由度制御系のブロック線図

9.3 モデルマッチングによる制御器の設計

であるので，$M(s)=1$ に設定する場合には，まず，$G_{yd}(s)$ が望ましい特性になるように $K(s)$ を設計し，つぎに $G_{yr}(s)$ が望ましい特性になるように $F(s)$ を設計すれば，2つの閉ループ伝達関数を独立に設定できる．

あるいは，制御対象のモデル $P_m(s)$ を利用できる場合には，$M(s)$ を規範モデルの伝達関数に指定し，$F(s)=P_m(s)^{-1}M(s)$ で与えると，

$$G_{yr} = \frac{PM(1+P_mK)}{P_m(1+PK)} \tag{9.53}$$

であるので，$P(s)=P_m(s)$ とすれば $G_{yr}(s)=M(s)$ となる．これは，モデルの精度が高ければ，目標値応答が $M(s)$ により直接に設定できることを意味している．$K(s)$ は $G_{yd}(s)$ が望ましい特性になるように設計する．

フィードバック制御では目標値との偏差が生じた後に制御するので制御が遅れるのに対し，フィードフォワード制御では望ましい出力応答が得られるように目標値を $M(s)$, $F(s)$ で処理した操作入力を先手を打って加えるので遅れが生じにくい．操作の遅れは制御偏差の増大や制御入力の増大をもたらすので，2自由度系により目標値応答の高速化や制御入力の振幅抑制にも効果が期待できる．

例 9.10 図 9.16 で，$M(s)=1$, $P(s)=b/(s+a)$, $K(s)=K_P+K_I/s$ とする．目標値応答が標準2次遅れ系の伝達関数と一致するように $F(s)$ を求めよ．

解）
$$G_{yr} = \frac{b(F(s)s + K_P s + K_I)}{s^2 + (a+bK_P)s + bK_I} \tag{9.54}$$

である．これが標準2次遅れ系の伝達関数

$$\hat{G}_{yr} = \frac{bK_I}{s^2 + (a+bK_P)s + bK_I} \tag{9.55}$$

に一致するには，$F(s)=-K_P$ とおけばよい．

図 9.11 の I–P 制御系と図 9.12 の PI 制御系は，外乱応答は同じであるが目標値応答が異なっている．これを一般化した調整パラメータ α を含む2自由度制御系を図 9.17 に示す．これは α を $0 \le \alpha \le 1$ の範囲で調整することにより，$\alpha=0$ の I–P 制御から $\alpha=1$ の PI 制御まで目標値応答を調整できる．たとえば，制御器のゲインを (9.37) 式で与えるとこの閉ループ伝達関数は

$$G(s) = \frac{\alpha(2\zeta\omega_n - a)s + \omega_n^2}{s^2 + 2\zeta\omega_n s + \omega_n^2} \tag{9.56}$$

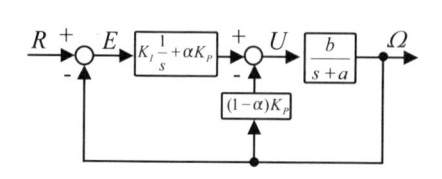

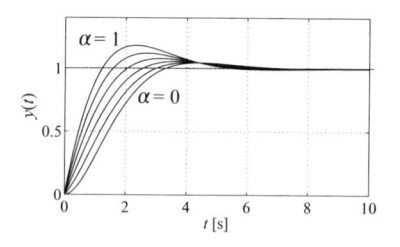

図 9.17 2自由度 PI–P 制御系のブロック線図

図 9.18 ステップ目標値応答

となり，$a = 0.1, \omega_n = 1, \zeta = 0.7$ に設定したときのステップ目標値応答を図 9.18 に示す．ここに $\alpha = 0, 0.2, 0.4, 0.6, 0.8, 1$ に変えている．

演 習 問 題

9.1 次式の特性方程式のシステムの安定判別をラウスの安定判別法で行え．
(1) $s^6 + 7s^5 - 30s^4 + 88s^3 + 159s^2 + 145s + 50 = 0$
(2) $s^5 + 7s^4 + 10s^3 + 10s^2 + 5s + 1 = 0$
(3) $s^4 + s^3 + 14s^2 + 14s + 5 = 0$

9.2 図 9.19 のシステムで

$$P(s) = \frac{100}{(s+1)(s+2)(s+10)}$$

$$K(s) = K_1 + \frac{K_2}{s}$$

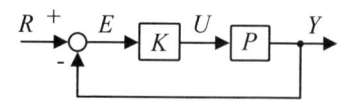

図 9.19 フィードバック制御系

とする．以下の問いに答えよ．
(1) このフィードバック制御系の特性方程式を求めよ．
(2) このフィードバック制御系が安定となる K_1, K_2 の満たすべき条件をラウスの安定判別法により求めよ．
(3) (K_1, K_2) 平面に安定となるゲインの領域を図示せよ．

9.3 図 9.19 のフィードバック制御系に対し

$$P(s) = \frac{1}{(s+1)(s+5)}, \quad K(s) = \alpha\left(1 + \frac{2}{s}\right)$$

とする．根軌跡を $\alpha = 0 \sim +\infty$ に対して描け．

9.4 図 9.19 のフィードバック制御系に対し

$$P(s) = \frac{1}{s^2 + 6s + p}, \quad K(s) = \left(1 + \frac{p}{s}\right)$$

とする．パラメータを $p = 0 \sim +\infty$ で変化させたときに，根軌跡を描け．

Chapter 10

周波数応答による動特性表現

本章以降の本書の後半では,いままでの章で述べた結果を基礎とし,周波数領域における制御系の解析と設計法を説明する.本章では,制御対象の動特性の有用な表現形式として周波数応答を導入し,周波数応答のグラフ表示法と制御特性の読み取り方を説明する.

10.1 周波数応答

モータの入力電圧 $u(t)$ [V] から回転角速度 $y(t)$ [rad/s] への伝達特性が次式の1次遅れ系で表されるとする.

$$Y(s) = \frac{1}{s+1}U(s) \tag{10.1}$$

このモータに初期角速度 $y(0)$ がゼロで正弦波入力の電圧

$$u(t) = \sin \omega t \tag{10.2}$$

を印可した場合の回転角速度 $y(t)$ の応答を考えよう.ステップ関数と異なり,正弦波関数は角周波数(angular frequency)ω [rad/s] を変えれば無数に考えられる.図 10.1 に $\omega = 2$ rad/s の正弦波入力 $u(t)$ に対する過渡応答 $y(t)$ を示す.初期値がゼロで時刻 $t = 0$ から $u(t)$ を加えると,太い実線で示す $y(t)$ は破線で示す角周波数 2 rad/s の正弦波

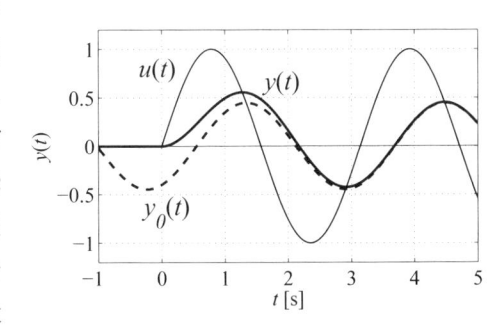

図 10.1 正弦波の過渡応答と定常応答

表 10.1 周波数特性

ω [rad/s]	振幅	位相[rad]	ω [rad/s]	振幅	位相[rad]
0.1	0.9950	-0.0997	1.0	0.7071	-0.7854
0.2	0.9806	-0.1974	2.0	0.4472	-1.1071
0.3	0.9578	-0.2915	3.0	0.3162	-1.2490
0.5	0.8944	-0.4636	5.0	0.1961	-1.3734
0.7	0.8192	-0.6107	7.0	0.1414	-1.4289
—	—	—	10.0	0.0995	-1.4711

$$y_0(t) = B\sin(2t + C) \tag{10.3}$$

に収束する．この正弦波の振幅は $B = 0.447$ で位相が $C = -1.1$ rad である．同様に，$\omega = 10$ rad/s の正弦波入力の場合では，応答は $y_0(t) = 0.0995\sin(10t - 1.47)$ に収束する．このように定常応答は入力信号の角周波数と同じ角周波数の正弦波になり，振幅と位相は角周波数に依存して変わる．表 10.1 は様々な角周波数の正弦波入力に対する出力応答の振幅と位相を示しており，これを**周波数特性**という．

一般に入出力特性が $Y(s) = G(s)U(s)$ で表されるシステムを考えよう．伝達関数 $G(s)$ で $s = j\omega$ とおいて得られる $G(j\omega)$ を**周波数応答**（frequency response）という．$|G(j\omega)|$ を**ゲイン**（gain），$\angle G(j\omega)$ を**位相**（phase）という．周波数応答からシステムの重要な特性を知ることができ，これを用いてシステムの解析と設計が行える．つぎの基本的な性質が成り立つ．

- $G(s)$ が安定な伝達関数であれば，角周波数 ω [rad/s] の正弦波の入力

$$u(t) = \sin\omega t, \quad t \geq 0 \tag{10.4}$$

を加えると，出力は次式で表される**定常応答**に収束する．

$$y(t) = |G(j\omega)|\sin\{\omega t + \angle G(j\omega)\} \tag{10.5}$$

導出）$G(s)$ の極の実部はすべて負でプロパーとし，さらに，簡単のため極が互いに異なるとすると，

$$\begin{aligned}
Y(s) &= G(s)\frac{\omega}{s^2 + \omega^2} \\
&= \frac{b_0 s^m + \cdots + b_m}{(s - p_1)\cdots(s - p_n)}\frac{\omega}{s^2 + \omega^2} \\
&= \frac{c_1}{s - p_1} + \cdots + \frac{c_n}{s - p_n} + \frac{k_1\omega}{s^2 + \omega^2} + \frac{k_2 s}{s^2 + \omega^2}
\end{aligned}$$

と部分分数展開できる．両辺に $s^2 + \omega^2$ を乗じた後，$s = j\omega$ とおくと

$$G(j\omega) = k_1 + jk_2 \tag{10.6}$$

が得られるので，$k_1 = \text{Re } G(j\omega)$, $k_2 = \text{Im } G(j\omega)$ である．よって，

$$y(t) = c_1 e^{p_1 t} + \cdots + c_n e^{p_n t} + \text{Re } G(j\omega)\sin\omega t + \text{Im } G(j\omega)\cos\omega t \tag{10.7}$$

である．$t \to \infty$ で $e^{p_i t}$ はゼロに収束し，$y(t)$ は (10.5) 式に収束する．

(10.5) 式から任意の角周波数 ω の正弦波入力に対する定常応答を知ることができる．すなわち，定常応答は入力の角周波数 ω の正弦波信号であり，振幅は入力の振幅の $|G(j\omega)|$ 倍で，位相は入力の位相より $\angle G(j\omega)$ だけずれる．$\angle G(j\omega) < 0$ のとき位相が遅れるといい，$\angle G(j\omega) > 0$ のとき位相が進むという．

たとえば，表 10.1 より $\omega = 0.5$ rad/s のとき，振幅と位相が $|G(0.5j)| = 0.8944$, $\angle G(0.5j) = -0.4636$ rad なので，$G(0.5j) = 0.8944 e^{-0.4636j} = 0.8 - 0.4j$ である．このように正弦波のテスト信号に対する定常応答を計測することで，周波数応答が得られる．この計測実験を**周波数応答実験**という．

例 10.1 $G(s) = \dfrac{1}{s+1}$ に対して，入力 $u(t) = \sin 2t \; (t \geq 0)$ を加えた場合の定常応答を (10.5) 式を用いて求めよ．

解） $G(s)$ は安定であるので定常応答が存在する．入力の角周波数が $\omega = 2$ rad/s であるので，次式を計算する．

$$|G(2j)| = \frac{1}{|2j+1|} = \frac{1}{\sqrt{5}} \tag{10.8}$$

$$\angle G(2j) = \angle \frac{-2j+1}{(2j+1)(-2j+1)} = \angle \frac{-2j+1}{5} = \angle(-2j+1) \tag{10.9}$$

位相角を求めるために，図 10.2 のようにベクトル $1-2j$ を図示すると，$\tan\theta = 2$ より $\angle G(2j) = -\theta = -\tan^{-1} 2 = -1.1$ rad となる．(10.5) 式より定常応答が次式で与えられる．

$$y(t) = \frac{1}{\sqrt{5}} \sin(2t - 1.1) \tag{10.10}$$

例 10.2 $u(t) = \sin 2t$ に対する応答が $y(t) = 1.5\sin(2t - \pi/2)$ である．$u(t)$ と

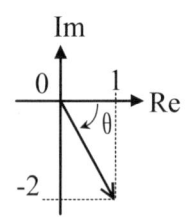

図 10.2 位相角の計算

$y(t)$ のグラフを描け.

解) $e^{2tj} = \cos 2t + j \sin 2t$ は複素平面上で,半径 1 で偏角 $2t$ [rad] の反時計方向にまわるベクトルであり(図 10.3),このベクトルの縦軸方向の値を時間軸を横軸にして描くことで $(t, \sin 2t)$ のグラフが描ける(図 10.4).また,$1.5e^{(2t-\pi/2)j}$ は半径 1.5 で偏角 $2t$ [rad] の反時計方向にまわるベクトルであり,e^{2tj} に比べて位相角が $\pi/2$ rad だけ遅れたベクトルである.このベクトルの縦軸方向の値を時間軸を横軸にして描くことで $(t, 1.5\sin(2t-\pi/2))$ のグラフが描ける.図 10.4 に示すように,位相のずれ $\angle G(j\omega)$ は時間のずれ $\angle G(j\omega)/\omega$ [s] に対応している.

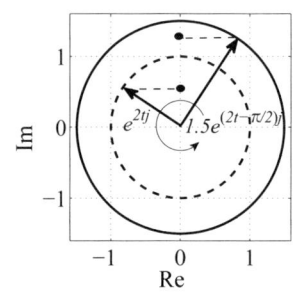

図 10.3　e^{2jt} と $1.5e^{(2t-\pi/2)j}$

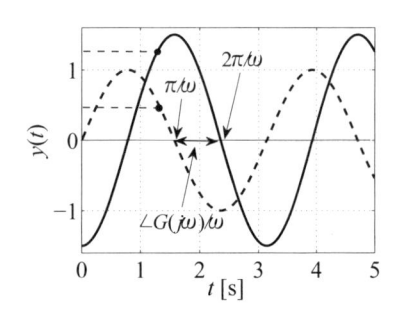

図 10.4　$\sin 2t$ と $1.5\sin(2t-\pi/2)$

例 10.3 $u(t) = 2\sin 2t$ に対する 1 次遅れ要素 $G(s) = b/(s+a)$ の定常応答が $y(t) = 5\sin(2t - \pi/4)$ であるとき,a, b を求めよ.

解) $\omega = 2$ において,振幅が $5/2$ 倍され,位相が $\pi/4$ 遅れているので,

$$G(2j) = \frac{5}{2}e^{-\frac{\pi}{4}j} = \frac{5}{2}\left(\cos\frac{\pi}{4} - j\sin\frac{\pi}{4}\right) = \frac{5}{2}\left(\frac{1}{\sqrt{2}} - j\frac{1}{\sqrt{2}}\right) \quad (10.11)$$

である.よって

$$\frac{b}{2j+a} = \frac{5}{2\sqrt{2}}(1-j) \tag{10.12}$$

であるから，$a = 2$, $b = 5\sqrt{2}$ となり $G(s) = 5\sqrt{2}/(s+2)$ を得る．

一般の入力 $U(s)$ に対する $G(s)$ の過渡応答は

$$y(t) = \mathcal{L}^{-1}[Y(s)] = \frac{1}{2\pi j}\int_{c-j\infty}^{c+j\infty} G(s)U(s)e^{st}ds \tag{10.13}$$

と表される．$Y(s)$ の極の実部がすべて負のとき，積分路を虚軸上 ($c = 0$) にとることができるので，上式は

$$y(t) = \frac{1}{2\pi}\int_{-\infty}^{+\infty} G(j\omega)U(j\omega)e^{j\omega t}d\omega \tag{10.14}$$

と表せる．この式のように時間応答と周波数応答は密接に関係している．

周波数応答に基づいて解析・設計すると，以下のような利点がある．

1) 入出力応答計算が時間領域では積分演算，すなわちたたみ込み積分 $y(t) = \int_0^t g(t-\tau)u(\tau)d\tau$ になるが，周波数領域では代数演算，すなわち $Y(j\omega) = G(j\omega)U(j\omega)$ になるため周波数領域では計算が容易で見通しがよい．
2) 正弦波に対する定常応答が $G(j\omega)$ を用いて直接に表せるので，正弦波外乱に対する応答の評価が行える．
3) 通常，外乱は低周波数成分を多く含み，測定雑音は高周波数成分を多く含んでおり，これらの影響を調べるには，周波数領域での解析・設計が適している．
4) (10.14) 式より周波数応答 $G_1(j\omega)$ と $G_2(j\omega)$ が似ていれば，同じ入力 $u(t)$ に対するこれらの時間応答 $y_1(t)$ と $y_2(t)$ も似ていると考えられる．2つの伝達関数の「近さ」が周波数応答を用いることで評価でき，次節のグラフ表示ではこの性質が生かされる．

10.2　周波数応答の図示

周波数応答をグラフに表すことで，特性の全体像を定量的に把握できる．グラフの種類として，ベクトル軌跡，ボード線図，ゲイン位相線図がある．

1) ベクトル軌跡

$G(j\omega)$ の実部を $X(\omega) = \mathrm{Re}\, G(j\omega)$ に，虚部を $Y(\omega) = \mathrm{Im}\, G(j\omega)$ におくと，図 10.5 のように，$\omega = -\infty \sim +\infty$ を連続に変えるとき，複素平面上でベクトル $G(j\omega) = X(\omega) + jY(\omega)$ の先端 $(X(\omega),\, Y(\omega))$ が軌跡を描く．これをベクトル軌跡（vector locus, polar plot）という．$\overline{G(j\omega)} = G(-j\omega)$ であるので，ベクトル軌跡の $\omega > 0$ の部分と $\omega < 0$ の部分は実軸に関して対称である．このため，$\omega = 0 \sim +\infty$ に対する軌跡のみを描く場合もある．

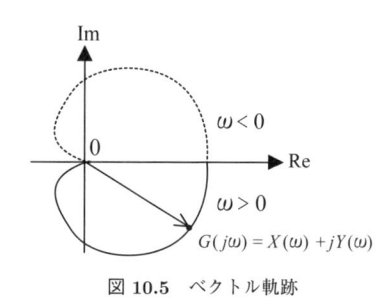

図 10.5 ベクトル軌跡

2) ボード線図

$G(j\omega)$ は，大きさ $|G(j\omega)|$ と偏角 $\angle G(j\omega)$ を用いて，極形式

$$G(j\omega) = |G(j\omega)|e^{j\angle G(j\omega)} \tag{10.15}$$

で表せる．ここに，$G(j\omega) = X(\omega) + jY(\omega)$ に対して

$$|G(j\omega)| = \sqrt{X(\omega)^2 + Y(\omega)^2} \tag{10.16}$$

$$\angle G(j\omega) = \tan^{-1} \frac{Y(\omega)}{X(\omega)} \tag{10.17}$$

の関係がある．ボード線図（Bode plot）はつぎのゲイン線図（gain plot）と位相線図（phase plot）で構成される．

ゲイン線図： $(\log_{10} \omega,\ 20\log_{10} |G(j\omega)|)$

位相線図： $(\log_{10} \omega,\ \angle G(j\omega))$

横軸は周波数を常用対数 $\log_{10} \omega$ で表す．ゲイン線図の縦軸の単位はデシベル [dB] であり，位相線図の縦軸の単位は度 [deg] である．

3) ゲイン位相線図

ω をパラメータとして，$(\angle G(j\omega),\ 20\log_{10}|G(j\omega)|)$ をプロットした図をゲイン位相線図という．

本書ではベクトル軌跡とボード線図について述べる．以下では，定数ゲイン，積分要素，1次遅れ要素，2次遅れ要素，むだ時間要素などの基本要素のベクトル軌跡を説明し，つぎにこれらのボード線図を説明する．

10.2.1 ベクトル軌跡

定数ゲイン：$G(s) = K$
ベクトル軌跡は，$K + j0$ の1点である．

積分要素：$G(s) = \dfrac{1}{s}$

$$G(j\omega) = -\frac{1}{\omega}j \tag{10.18}$$

$G(0) = -\infty j$，$G(\infty) = 0$ で，すべての周波数で $\angle G(j\omega) = -90\deg$ である．図 10.6 のように，ベクトル軌跡は $\omega = 0 \sim \infty$ のとき負の虚軸上を無限遠点から原点へ漸近する．

1次遅れ要素：$G(s) = \dfrac{1}{1+sT},\ T > 0$

$$G(j\omega) = \frac{1}{1+\omega^2 T^2} + j\frac{-\omega T}{1+\omega^2 T^2} \tag{10.19}$$

$G(0) = 1$，$\omega T \gg 1$ では $G(j\omega) \approx -j/(\omega T)$ である．図 10.7 のように，$\omega = 0 \sim \infty$ のベクトル軌跡は中心 $(0.5,\ 0)$ で半径 0.5 の円の下半分となる．$G(j/T) = 1/(1+j)$ であるので，$\omega = 1/T$ で点 $(0.5,\ -0.5)$ を通る．すべての ω で $\angle G(j\omega) > -90\deg$ である．

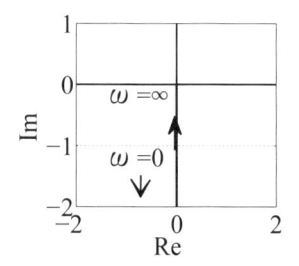

図 10.6 $1/s$ のベクトル軌跡

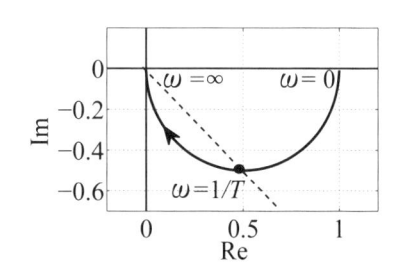

図 10.7 $1/(1+sT)$ のベクトル軌跡

2次遅れ要素：$G(s) = \dfrac{\omega_n^2}{s^2 + 2\zeta\omega_n s + \omega_n^2}$, $\omega_n > 0$, $\zeta > 0$

$$G(j\omega) = \frac{\omega_n^2}{-\omega^2 + \omega_n^2 + j2\zeta\omega_n\omega} \tag{10.20}$$

$\omega_n = 1, \zeta = 0.5$ の場合のベクトル軌跡を図 10.8 に示す．$G(0) = 1$ であり，すべての ω で $\angle G(j\omega) > -180\,\text{deg}$ である．高周波数 $\omega \gg \omega_n$ では

$$G(j\omega) \approx -\frac{\omega_n^2}{\omega^2} \tag{10.21}$$

であるので，$\angle G(\infty) = -180\,\text{deg}$ となり，ベクトル軌跡は負の実軸方向から原点に漸近する．$G(j\omega_n) = -j/(2\zeta)$ であるから，$\omega = \omega_n$ で位相が $-90\,\text{deg}$ であり，これは図 10.8 の点 A に対応する．減衰係数を変えた場合のベクトル軌跡を図 10.9 に示す．

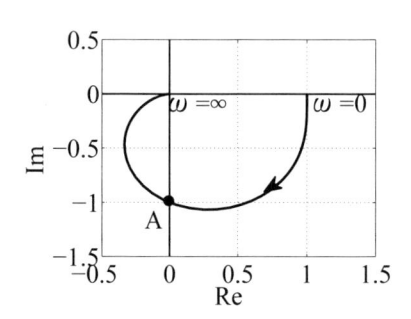

図 10.8　$1/(s^2 + s + 1)$ のベクトル軌跡

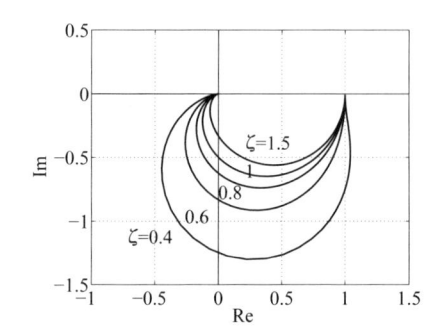

図 10.9　$\omega_n^2/(s^2 + 2\zeta\omega_n s + \omega_n^2)$ のベクトル軌跡

むだ時間要素：$G(s) = e^{-sT_d}$, $T_d > 0$

$$G(j\omega) = e^{-j\omega T_d} = \cos\omega T_d - j\sin\omega T_d \tag{10.22}$$

ベクトル軌跡は，図 10.10 のように，$\omega = 0$ で 1 を起点として，原点を中心とする単位円上を，$\omega > 0$ の増加に伴い時計方向に無限にまわる．

積分特性を有する 2 次遅れ系：$G(s) = \dfrac{K}{s(1 + sT)}$, $T > 0$, $K > 0$

$\omega T \gg 1$ のとき $G(j\omega) \approx -KT/\omega^2$ となり，$\omega \to 0$ のとき $G(j\omega) \to -KT - j\infty$ となる．$K = 1$, $T = 1$ の場合のベクトル軌跡を図 10.11 に示す．$\omega \to 0$ のとき

10.2 周波数応答の図示

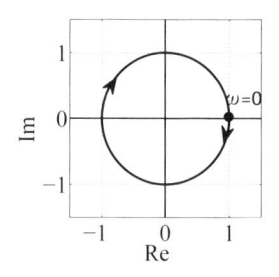

図 10.10 e^{-sT_d} のベクトル軌跡

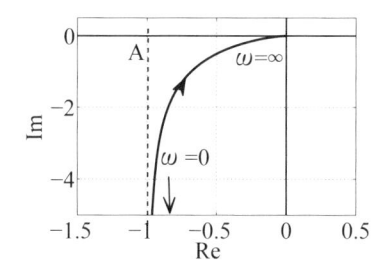

図 10.11 $1/\{(s+1)s\}$ のベクトル軌跡

$G(j\omega)$ は図中の漸近線 A に近づく.

1 次遅れむだ時間系：$G(s) = \dfrac{e^{-sT_d}}{1+sT}$, $T_d > 0$, $T > 0$

$T_d = 0.5$, $T = 1$ の場合のベクトル軌跡を図 10.12 に示す. 高周波数でむだ時間による位相遅れが大きくなり, ベクトル軌跡が渦を巻きながら原点に漸近する.

高次伝達関数の高域周波数での特性

$$G(s) = \frac{b_0 s^m + b_1 s^{m-1} + \cdots + b_{m-1}s + b_m}{s^n + a_1 s^{n-1} + \cdots + a_{n-1}s + a_n}, \quad n > m \tag{10.23}$$

は, $\omega \gg 1$ のとき $G(j\omega) \approx b_0 (j\omega)^{m-n}$ であるので, $b_0 > 0$ とすれば位相が

$$\angle G(j\omega) \approx -(n-m) \times 90\,\text{deg} \tag{10.24}$$

である. よって, **相対次数** (relative degree) が $n - m = 1, 2, 3, \cdots$ となるにつれ, 図 10.13 のように, ベクトル軌跡が原点に漸近する際の位相角が $-90, -180, -270, \cdots \text{deg}$ になる.

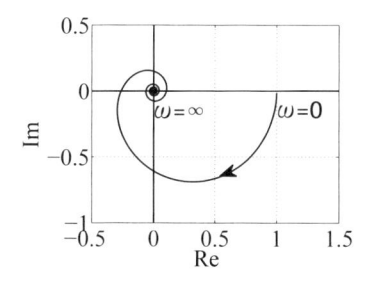

図 10.12 $e^{-0.5s}/(1+s)$ のベクトル軌跡

図 10.13 高次系の相対次数とベクトル軌跡

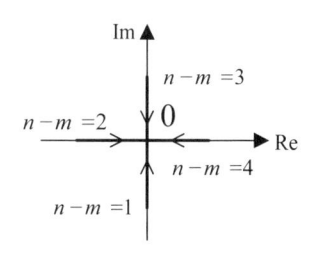

10.2.2 ボード線図

グラフの目盛について　制御系の解析や設計では，たとえば，角周波数 ω は 0.01 から 100 rad/s の広い区間，ゲイン $|G(j\omega)|$ も 0.01 から 100 の広い区間を扱う．しかも，小さい値の $0.01 \sim 0.1$ の付近や大きな値の $10 \sim 100$ の付近を同等に詳しく表示する必要性がある．そこで，ボード線図では周波数とゲインは**対数目盛**（logarithmic plot）で表示し，位相角は線形目盛で表示している．

ゲインは**デシベル** [**dB**]（decibel）を用いて表される．正数 X のデシベル値は，

$$Y = 20\log_{10} X \,[\mathrm{dB}] \tag{10.25}$$

で定義される．逆に，Y [dB] は

$$X = 10^{Y/20} \tag{10.26}$$

である．$0.01, 0.1, 1, 10, 100$ をデシベルで表すと $-40, -20, 0, 20, 40$ dB であり，その他に，$0 = -\infty$ dB, $1/\sqrt{2} \approx -3$ dB, $2 \approx 6$ dB もよく用いる．

また，つぎの関係式より

$$20\log_{10}(10X) = 20\log_{10} 10 + 20\log_{10} X = 20 + 20\log_{10} X \tag{10.27}$$

であるので，10 倍することは 20 dB の増加を意味する．周波数については，

$$\log_{10}(10\omega) = \log_{10} 10 + \log_{10} \omega = 1 + \log_{10} \omega \tag{10.28}$$

であるので，ω を 10 倍すると 1 単位ほど増加し，これを 1 **デカード**（decade）といい，[dec] で表す．ゲイン線図のグラフの傾きを，たとえば 20 dB/dec と表す．これは，ω が 10 倍になるとゲインが 20 dB= 10 倍に増加することを表している．

目盛は図 10.14 の例のようにつけると描きやすい．すなわち，ゲイン線図については，縦軸のゲインは $-40, -20, 0, 20, 40$ dB のように 20 dB ごとに目盛を入れ，横軸の周波数は $0.01, 0.1, 1, 10, 100$ のように入れる．また，位相線図については，縦軸の位相角は $-270, -180, -90, 0, 90$ deg のように 90 deg ごとに目盛を入れる．必要があれば 45 deg にも目盛を入れる．

定数ゲイン：$G(s) = K,\ K > 0$

$$|G(j\omega)| = |K| = 20\log_{10} K\,[\mathrm{dB}], \quad \angle G(j\omega) = 0\,\mathrm{deg} \tag{10.29}$$

ボード線図は，すべての周波数で，ゲインが $20\log_{10} K$ [dB] で，位相遅れが 0 deg である．

積分要素：$G(s) = \dfrac{1}{s}$

$$|G(j\omega)| = -20\log_{10}\omega \text{ [dB]} \tag{10.30}$$

$$\angle G(j\omega) = -90 \deg \tag{10.31}$$

ボード線図は図 10.14 のようになる．ゲイン線図は，$\omega = 1$ のとき 0 dB を通り，横軸が $\log_{10}\omega$ で $|G(j\omega)| = -20 \times (\log_{10}\omega)$ [dB] と表せるので，勾配が -20 dB/dec の直線である．位相線図は，すべての ω で -90 deg の直線である．

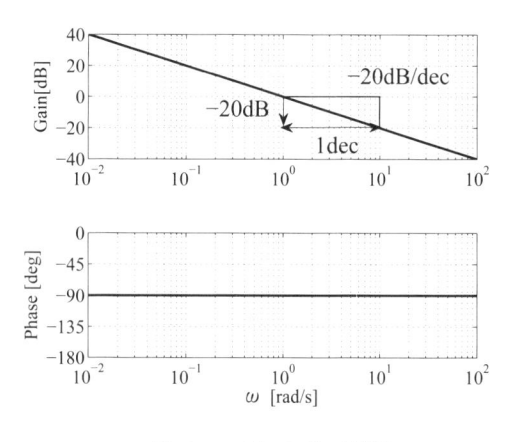

図 **10.14** $1/s$ のボード線図

1 次遅れ要素：$G(s) = \dfrac{1}{1 + sT},\ T > 0$

$$|G(j\omega)| = -20\log_{10}\sqrt{1 + \omega^2 T^2} \text{ [dB]} \tag{10.32}$$

$$\angle G(j\omega) = -\tan^{-1}(\omega T) \text{ [deg]} \tag{10.33}$$

ボード線図は図 10.15 のようになる．ただし，グラフの横軸は ωT である．低周波数で $G(s) \approx 1$，中間周波数の $s = j/T$ で $G(j/T) = 1/(1+j)$，高周波数で $G(s) \approx 1/(sT)$ であるので，次式が得られる．

図 10.15 $1/(1+sT)$ のボード線図　　図 10.16 $1/(1+sT)$ の折れ線近似

$$|G(j\omega)| \approx 1 = 0\,\mathrm{dB}, \qquad \angle G \approx 0\,\mathrm{deg}, \qquad 1 \gg \omega T > 0$$
$$|G(j\omega)| = 1/\sqrt{2} \approx -3\,\mathrm{dB}, \qquad \angle G = -45\,\mathrm{deg}, \qquad 1 = \omega T$$
$$|G(j\omega)| \approx -20\log\omega - 20\log T[\mathrm{dB}], \quad \angle G \approx -90\,\mathrm{deg}, \quad \omega T \gg 1$$

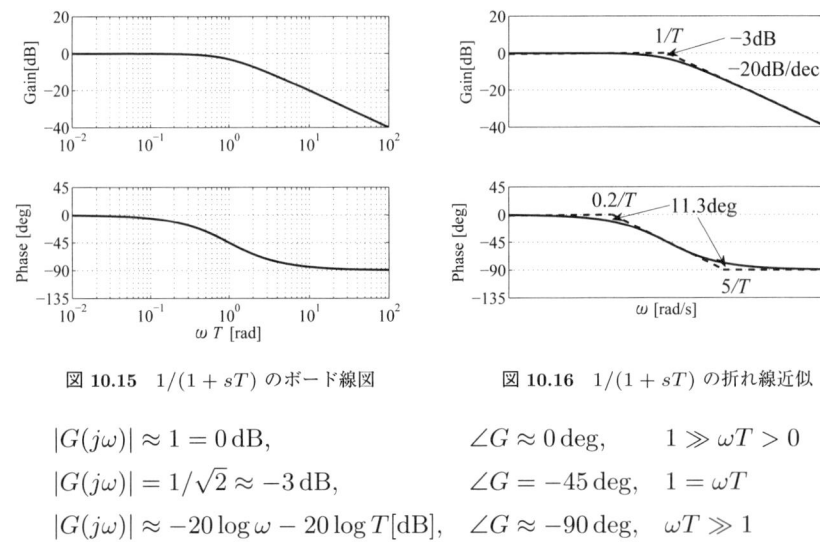

図 10.16 にボード線図の特徴を示す．ゲイン線図の折れ線近似は，低周波数では 0 dB の直線で，高周波数では勾配 $-20\,\mathrm{dB/dec}$ の直線で表され，2 つの直線が折点周波数（break frequency）$\omega = 1/T$ [rad/s] で交わる．折点周波数ではゲインの真値は折点から約 $-3\,\mathrm{dB}$ 下の点を通過する．位相線図は，折点周波数では -45 deg を通り，$\omega = \infty$ で -90 deg となる．図 10.16 に示すように，位相特性の折れ線近似は $0.2/T$ と $5/T$ で折れ，これらの点における真値との誤差は約 11.3 deg である．

1 次遅れ系 $1/(1+sT)$ のゲイン特性は折点周波数 $1/T$ より大きい周波数では $-20\,\mathrm{dB/dec}$ の勾配でゲインが小さくなる．これより，正弦波の入力信号の振幅は，角周波数が折点周波数以上の場合に大きく減衰する．たとえば，折点周波数の 10 倍の周波数の信号では振幅はほぼ 10 分の 1 に減衰する．このため，高周波数の雑音を含む信号を $1/(1+sT)$ に通すことにより，雑音が低減された信号が得られる．信号処理ではこのような機能の伝達関数を低域通過フィルタと呼ぶ．一般にゲイン $|G(j\omega)|$ がある周波数 ω_b 以上で $|G(0)|$ に比べて $-3\,\mathrm{dB} = 0.7$ 以下となるとき，この ω_b を帯域幅（bandwidth）という．

例 **10.4** 入力 $u(t) = A\sin\omega t$, $A > 0$ に対し，$G(s) = 1/(s+1)$ の定常応答 $y(t) = \sin(\omega t - \pi/4)$ が得られた．入力を決定せよ．

解）位相が $-\pi/4\,\mathrm{rad} = -45\,\mathrm{deg}$ であるので，図 10.15 のボード線図から角周波数は $\omega = 1\,\mathrm{rad/s}$ であり，これは折点周波数である．このときのゲインは $|G(j)| = 1/\sqrt{2} \approx -3\,\mathrm{dB}$ となり，$|G(j)|A = 1$ より入力振幅は $A = \sqrt{2}$ で与えられる．よって，$u(t) = \sqrt{2}\sin t$ となる．

2 次遅れ要素：$G(s) = \dfrac{\omega_n^2}{s^2 + 2\zeta\omega_n s + \omega_n^2}$, $\omega_n > 0$, $\zeta > 0$

$$G(j\omega) = \frac{\omega_n^2}{-\omega^2 + 2\zeta\omega_n \omega j + \omega_n^2} \tag{10.34}$$

より

$$|G(j\omega)| = -20\log_{10}\sqrt{(1-\omega^2/\omega_n^2)^2 + 4\zeta^2\omega^2/\omega_n^2}\,[\mathrm{dB}] \tag{10.35}$$

$$\angle G(j\omega) = -\tan^{-1}\left(\frac{2\zeta\omega_n\omega}{\omega_n^2 - \omega^2}\right)\,[\mathrm{deg}] \tag{10.36}$$

減衰係数 ζ を変えた場合の $\omega_n^2/(s^2 + 2\zeta\omega_n s + \omega_n^2)$ のボード線図を図 10.17 に示す．ただし，横軸は ω/ω_n である．

低周波数で $G(s) \approx 1$，中間周波数の $s = j\omega_n$ で $G(j\omega_n) = -j/(2\zeta)$，高周波数で $G(s) \approx \omega_n^2/s^2$ であるので，次式が得られる．

$|G(j\omega)| \approx 1 = 0\,\mathrm{dB},$ $\qquad \angle G \approx 0\,\mathrm{deg},$ $\qquad \omega_n \gg \omega > 0$
$|G(j\omega)| = -20\log(2\zeta)[\mathrm{dB}],$ $\qquad \angle G = -90\,\mathrm{deg},$ $\qquad \omega = \omega_n$
$|G(j\omega)| \approx -40\log_{10}\omega + 40\log_{10}\omega_n[\mathrm{dB}],$ $\qquad \angle G \approx -180\,\mathrm{deg},$ $\qquad \omega \gg \omega_n$

ボード線図の特徴を図 10.18 に示す．ゲイン線図は，破線で示すように，低周波数で $0\,\mathrm{dB}$ の直線で近似され，高周波数では $\omega = \omega_n$ で $0\,\mathrm{dB}$ の点を通る勾配 $-40\,\mathrm{dB/dec}$ の直線で近似される．ゲイン線図は，$0 \leq \zeta < 1/\sqrt{2}$ のときに共振ピークが現れ，ピークゲイン M_p と共振角周波数 ω_p は次式で与えられる．

$$M_p = \frac{1}{2\zeta\sqrt{1-\zeta^2}} \tag{10.37}$$

$$\omega_p = \sqrt{1-2\zeta^2}\,\omega_n \tag{10.38}$$

位相線図は，$\omega = 0$ で $0\,\mathrm{deg}$，$\omega = \omega_n$ で $-90\,\mathrm{deg}$ を通り，$\omega = \infty$ で $-180\,\mathrm{deg}$ となる．

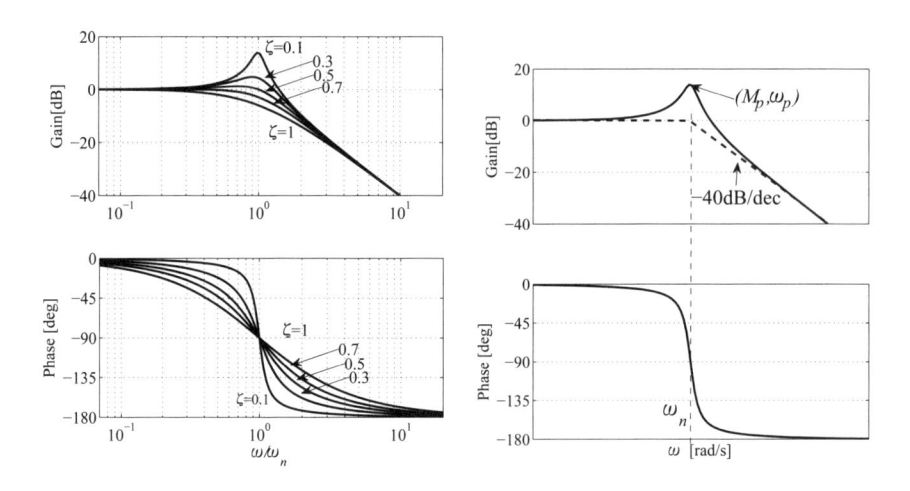

図 10.17 ボード線図 $G(s) = \omega_n^2/(s^2+2\zeta\omega_n s+\omega_n^2)$ 図 10.18 2 次遅れ系のボード線図の特徴

むだ時間要素：$G(s) = e^{-sT_d}$, $T_d > 0$

$$|G(j\omega)| = 1 = 0\,\text{dB}, \quad \angle G(j\omega) = -\omega T_d[\text{rad}] \tag{10.39}$$

ボード線図は，ゲイン線図がすべての周波数で 0 dB，位相線図は高い周波数ほど遅れる（図 10.19）．

高次伝達関数の高域周波数での特性

$$G(s) = \frac{b_0 s^m + b_1 s^{m-1} + \cdots + b_{m-1}s + b_m}{s^n + a_1 s^{n-1} + \cdots + a_{n-1}s + a_n}, \quad n > m \tag{10.40}$$

$\omega \gg 1$ のとき $G(j\omega) \approx b_0(j\omega)^{m-n}$ であるので，

$$20\log_{10}|G(j\omega)| \approx -20(n-m) \times \log_{10}\omega \tag{10.41}$$

である．ゲイン線図では，相対次数 が $n-m = 1, 2, 3, \cdots$ となるにつれ，図 10.20 のように，グラフの勾配が高い周波数で $-20, -40, -60, \cdots$ dB/dec となる．$b_0 > 0$ とすれば，高域周波数で位相が

$$\angle G(j\omega) \approx -(n-m) \times 90\,[\text{deg}] \tag{10.42}$$

であるので，$n-m = 1, 2, 3, \cdots$ となるにつれ位相角が $-90, -180, -270, \cdots$ deg となる．

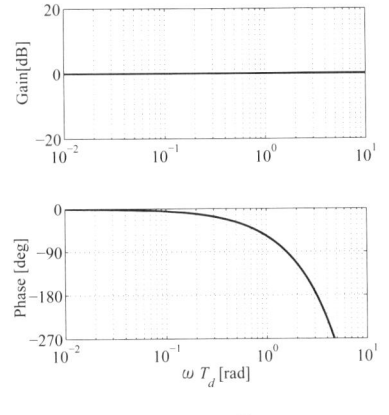

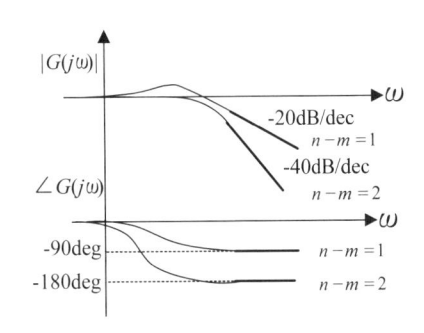

図 10.19 $G(s) = e^{-sT_d}$ のボード線図

図 10.20 高次系の相対次数とボード線図

伝達関数の s のスケール変換とボード線図 3.4.2 項では $G(s)$ の s を as に置き換えた $G(as)$ では,ステップ応答が a 倍遅くなることを述べた.$G(as)$ のボード線図は $G(s)$ のボード線図を周波数軸方向に $-\log_{10} a$ だけ移動したものであり,$a > 1$ では左方向に移動し,$a < 1$ では右方向に移動する.ステップ応答が a 倍に遅くなれば,帯域幅が $1/a$ 倍に狭くなる.$G(s) = 1/\{1 + 0.8(as) + (as)^2\}$ の $a = 1, 2, 3$ の場合について,ステップ応答とボード線図の関係を図 10.21 に示す.

例 10.5 $G(s)$ は安定とし,ボード線図を図 10.22 に示す.$Y(s) = G(s)R(s)$ に対して,以下の問いに答えよ.

(1) $r(t) = \sin 30t$ の入力に対する定常応答を求めよ.

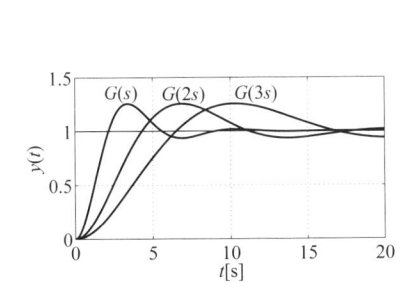

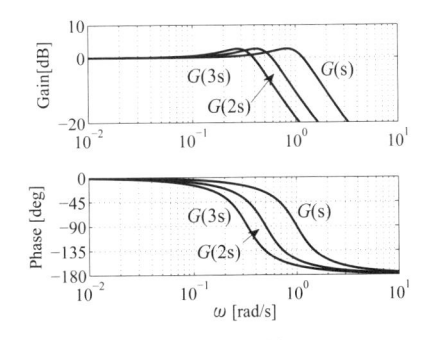

図 10.21 $G(sa)$, $a = 1, 2, 3$ のステップ応答とボード線図の関係

(2) $r(t) = 2\sin\omega t$ の入力を加えたところ，出力の定常応答の振幅がある ω で最大であった．このとき，ω と振幅を示せ．

(3) $r(t) = 5$ のステップ入力に対する出力の定常値を求めよ．

(4) 高周波数でゲインの勾配 [dB/dec] を求めよ．$G(s)$ の分母と分子の次数差を求めよ．

(5) 帯域幅を示せ．また，入力信号の振幅が 0.01 倍以下になる周波数を求めよ．

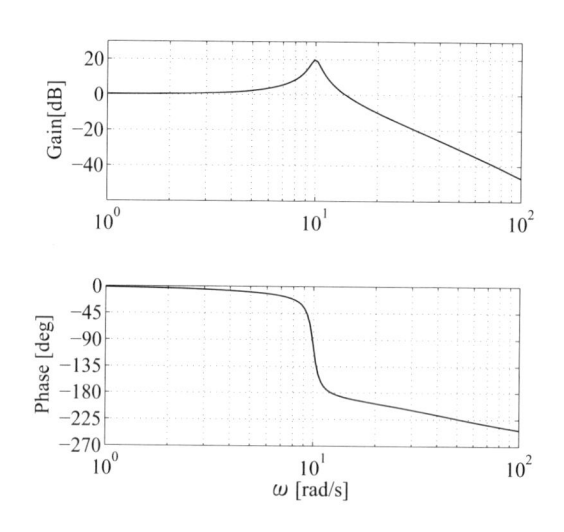

図 10.22 $G(s)$ のボード線図

解）(1) $\omega = 30\,\mathrm{rad/s}$ のゲインが $|G(30j)| = -20\,\mathrm{dB} = 0.1$ で位相が $\angle G(30j) = -210\,\mathrm{deg} = -3.66\,\mathrm{rad}$ なので，$y(t) = 0.1\sin(30t - 3.66)$ である．

(2) 入力信号の振幅は $|G(j\omega)|$ 倍されるので，ゲイン特性のピーク値を与える周波数は $\omega = 10\,\mathrm{rad/s}$ である．$|G(10j)| = 20\,\mathrm{dB} = 10$ で入力の振幅が 2 であるから，出力の振幅は 20 である．

(3) 単位ステップ入力に対する定常値は $G(0)$ であるので，$y(\infty) = 5G(0)$ である．グラフより低周波数でゲインが $0\,\mathrm{dB}$，位相が $0\,\mathrm{rad}$ であるので $G(0) = 1$ である．よって，$y(\infty) = 5$ となる．

(4) 高周波数でのゲインを直線で近似すると，ω が 10 から 100 になる間に，ゲインが $60\,\mathrm{dB}$ ほど低下するので，勾配は約 $-60\,\mathrm{dB/dec}$ である．よって，分母と分

子の次数差が 3 次と考えられる．

(5) $G(0) = 1$ であるので $G(j\omega)$ のゲインが -3 dB 以下となる周波数はゲイン線図よりほぼ 16 rad/s 以上である．これより，帯域幅は $\omega_b \approx 16$ rad/s となる．$0.01 = -40$ dB であり，ゲイン線図よりゲインが -40 dB 以下になる周波数は $\omega > 75$ rad/s である．

10.3　伝達関数の積のボード線図の作図

比例要素 K，積分要素 $1/s$ のゲイン線図と位相線図は直線で表され，1 次遅れ要素 $1/(1+sT)$ の場合には折れ線で近似された．

$G(s)$ の逆数 $H(s) = 1/G(s)$ に対して，$20\log_{10}|H| = -20\log_{10}|G|$ であるので，図 10.23 のように，$H(j\omega)$ のゲイン線図は $G(j\omega)$ のゲイン線図を 0 dB の線に関して折り返して得られる．$\angle H = -\angle G$ であるので，$H(j\omega)$

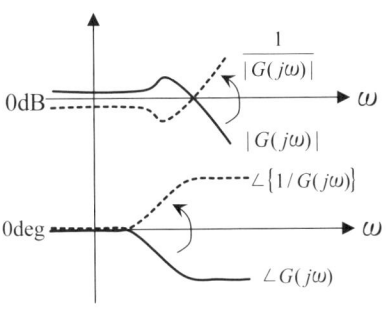

図 10.23　$G(s)$ と $1/G(s)$ のボード線図

の位相線図は $G(j\omega)$ の位相線図を 0 deg の線に関して折り返して得られる．この関係より，微分要素 s や 1 次遅れ要素の逆数 $1+sT$ のボード線図は積分要素 $1/s$ や 1 次遅れ要素 $1/(1+sT)$ のボード線図から折り返しにより求められる．

伝達関数の積 $G(j\omega) = G_1(j\omega)G_2(j\omega)$ に対して，

$$20\log_{10}|G(j\omega)| = 20\log_{10}|G_1(j\omega)| + 20\log_{10}|G_2(j\omega)| \qquad (10.43)$$

$$\angle G(j\omega) = \angle G_1(j\omega) + \angle G_2(j\omega) \qquad (10.44)$$

が成り立つので，$G(j\omega)$ のボード線図は $G_1(j\omega)$ と $G_2(j\omega)$ のボード線図のグラフを足し合わせて得られる．特に，$G(s)$ が上記の基本要素の積で表される場合には，$G(s)$ のボード線図の折れ線近似が作図により容易に得られる．

作図の手順

1) 伝達関数 $G(s)$ を基本要素「K, $1/(1+sT)$, $1/s$, $1+sT$, s」の積で表す.
2) これらの基本要素のボード線図を描く.
3) これらのグラフを足し合わせることで $G(s)$ のボード線図を得る.

例 10.6 つぎの伝達関数のボード線図を折れ線近似の作図により描け.

$$G(s) = \frac{s+10}{s(1+2s)} \tag{10.45}$$

解) まず,基本要素の積で表すと,

$$G(s) = 10 \times (1+0.1s) \times \frac{1}{s} \times \frac{1}{1+2s} \tag{10.46}$$

である.これより

$$\begin{aligned}
20\log_{10}|G(j\omega)| &= 20 + 20\log_{10}|1+0.1\omega j| \\
&\quad + 20\log_{10}\frac{1}{\omega} + 20\log_{10}\left|\frac{1}{1+2\omega j}\right|
\end{aligned} \tag{10.47}$$

$$\angle G(j\omega) = 0 + \angle(1+0.1\omega j) - 90 + \angle\frac{1}{1+2\omega j}\,[\text{deg}] \tag{10.48}$$

である.つぎに図 10.24 のように,各要素のゲイン線図と位相線図を破線のように直線や折れ線近似で描く.ゲイン線図を描くために,$1+0.1s$ の折点周波数が $10\,\text{rad/s}$,$1/(1+2s)$ の折点周波数が $0.5\,\text{rad/s}$,$1/s$ が $1\,\text{rad/s}$ で $0\,\text{dB}$ を横切るので,これらを考慮して周波数区間を $[0.1, 100]$ に選定している.ゲインや位相がとる値の範囲を見積もり目盛を決めている.最後に,これらを足し合わすことで,$G(s)$ のボード線図の折れ線近似が実線のように得られる.

演 習 問 題

10.1 伝達関数 $G_1(s) = \dfrac{1}{s+1}$, $G_2(s) = \dfrac{10}{s^2+11s+10}$ のボード線図を折れ線近似で描け.また,ステップ応答を計算せよ.これらが類似していることを確認せよ.

10.2 制御器は表 4.2 に示した基本要素などで構成されている.以下に示す位相進み要素,位相遅れ要素,PI 制御器,PID 制御器のボード線図を折れ線近似により描け.

$$\frac{1+10s}{1+s}, \quad \frac{10+s}{2+s}, \quad 1+\frac{1}{s}, \quad 1.1+\frac{1}{s}+0.1s$$

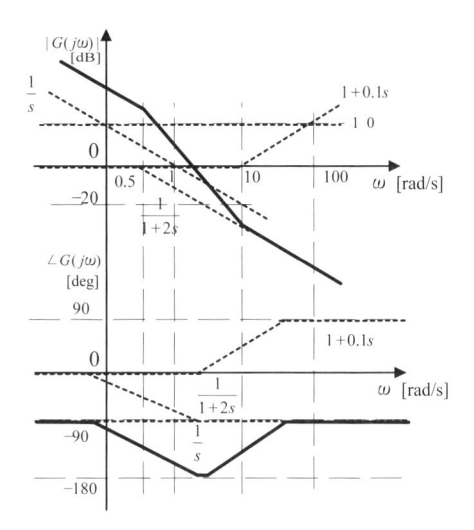

図 10.24 $(s+10)/\{s(1+2s)\}$ のボード線図の折れ線近似

10.3 次式に示すむだ時間要素の 1 次のパデ近似のゲインと位相を求めよ．
$$e^{-T_d s} \approx \frac{1-0.5T_d s}{1+0.5T_d s}$$

10.4 図 10.25 に伝達関数 $V(s)$ のゲイン特性の折れ線近似のグラフを示す．これを満たす $V(s)$ を求めよ．ただし，極と零点の実部は負とする．

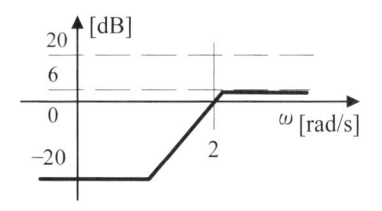

図 10.25 $V(s)$ のゲイン特性の折れ線近似

Chapter 11

周波数応答によるフィードバック制御系の安定解析

ナイキストの安定判別法は制御対象の周波数応答を用いてフィードバック制御系の安定判別を行う方法であり,フィードバック制御系が不安定となる特性変動の大きさの評価にも用いられる.本章では,まずこの判別法を述べ,つぎに古典制御のゲイン余裕と位相余裕,およびロバスト制御でよく用いられる安定余裕を述べる.最後にモデル誤差を考慮したロバスト安定解析法を述べる.

11.1 ナイキストの安定判別

11.1.1 ナイキストの安定判別法
次式のフィードバック制御系を考えよう.

$$Y(s) = P(s)U(s) \tag{11.1}$$

$$U(s) = K(s)\{R(s) - Y(s)\} \tag{11.2}$$

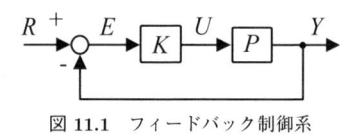

これは図 11.1 で表される.

$P(s)K(s)$ は厳密にプロパーとし,$P(s)$ と $K(s)$ の積により不安定な極零点消去が生じないとする.このとき,フィードバック制御系の安定条件は

$$1 + P(s)K(s) = 0 \tag{11.3}$$

図 11.1 フィードバック制御系

の根の実部がすべて負であることである.これは,6.2.2 項で述べたことから,安定条件は特性方程式 (6.19) の根の実部がすべて負であることであり,(6.19) 式の根は極零点消去された極と (11.3) 式の解で与えられるからである.

一巡伝達関数 $L(s) = P(s)K(s)$ に対して，ω を $-\infty$ から $+\infty$ に連続に変えたときの $P(j\omega)K(j\omega)$ のベクトル軌跡を**ナイキスト軌跡**（Nyquist plot）という．$\omega > 0$ の軌跡と $\omega < 0$ の軌跡は実軸に関して線対称である．なお，$P(s)K(s)$ が虚軸上に極を持つ場合には，$P(j\omega)K(j\omega)$ がその極で無限大となるので，$s = j\omega$ の与え方を少し修正する必要がある．これについては 11.1.3 項で説明する．

- **ナイキストの安定判別法**（Nyquist stability criterion）

$P(s)K(s)$ が不安定極（虚軸上の極を除く）を M 個持ち，ω を $-\infty$ から $+\infty$ に連続に変えたとき，ナイキスト軌跡が $-1 + j0$ を反時計方向に Z 回まわるとする．このとき，$Z = M$ であればフィードバック制御系は安定であり，逆も成り立つ．なお，フィードバック制御系は $N = M - Z$ 個の不安定極を持つ．

例 11.1 一巡伝達関数が

$$P(s)K = \frac{K}{(s^2 + s + 1)(s + 1)} \tag{11.4}$$

である．$K = 2$ と $K = 4$ についてフィードバック制御系の安定判別を行え．

解） $P(s)K$ は安定であるので $M = 0$ である．$K = 2$ のとき，ナイキスト軌跡は図 11.2 の実線である．ナイキスト軌跡が $-1 + j0$ の周りをまわらないので，$Z = 0$ である．よって，$N = M - Z = 0$ となりフィードバック制御系は安定である．$K = 4$ のとき，ナイキスト軌跡は図 11.2 の破線である．ナイキスト軌跡が $-1 + j0$ の周りを時計方向に 2 回ほどまわるので，$Z = -2$ である．よって，$N = M - Z = 2$ となりフィードバック制御系は不安定極を 2 つ持つ．ところで，フィードバック制御系の特性方程式は $s^3 + 2s^2 + 2s + 5 = 0$ であるからフィードバック制御系の極は $-2.1509, 0.0755 \pm 1.5228j$ となり，確かに不安定極を 2 つ持つ．

例 11.2 一巡伝達関数が

$$P(s)K(s) = \frac{20}{(s-1)(s+10)} \tag{11.5}$$

である．フィードバック制御系の安定判別を行え．

解） $P(s)K(s)$ は不安定極 $s = 1$ を持つので $M = 1$ である．また，図 11.3 のよう

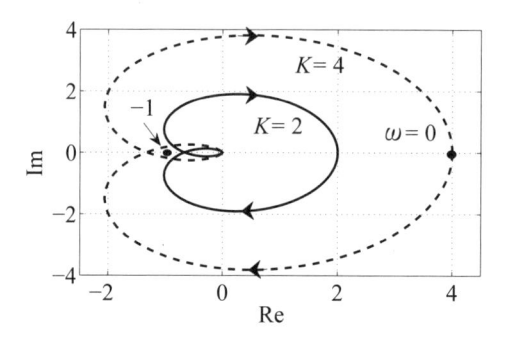

図 11.2 $K/\{(s^2+s+1)(s+1)\}$ のナイキスト軌跡

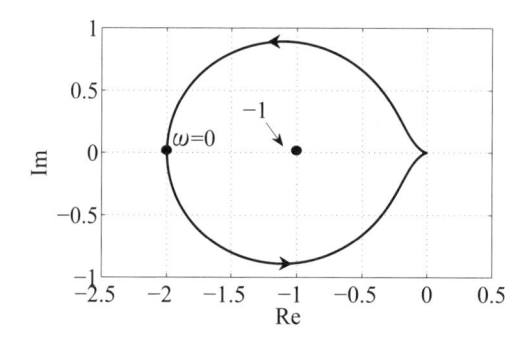

図 11.3 $20/\{(s-1)(s+10)\}$ のナイキスト軌跡

にナイキスト軌跡が $-1+j0$ の周りを反時計方向に 1 回ほどまわるので，$Z=1$ である．よって，$N=M-Z=0$ となりフィードバック制御系は安定である．

つぎに，一巡伝達関数 $P(s)K(s)$ が安定な場合に簡単化された安定判別法を述べる．$P(s)K(s)$ が安定な場合には $M=0$ であるから，フィードバック制御系の安定条件は $Z=0$ であるので，安定判別法は「ω を $-\infty$ から $+\infty$ に連続に変えるとき，ナイキスト軌跡が点 $-1+j0$ の周りを反時計方向に 1 回もまわらなければ，フィードバック制御系は安定である」となる．要するに，点 $-1+j0$ をまわるか否かを判別すればよいので，つぎのように判別法が簡単化される．

- **簡単化されたナイキストの安定判別法**

    $P(s)K(s)$ は安定な伝達関数とする．$P(j\omega)K(j\omega)$ のベクトル軌跡を ω を 0 から $+\infty$ に対して描く．ω を 0 から $+\infty$ に増加させるときに，$-1+j0$ の

点を常にベクトル軌跡の左手に見ればフィードバック制御系が安定，常に右手に見ればフィードバック制御系が不安定となる．

さらに，図 11.4 より，$P(j\omega)K(j\omega)$ のベクトル軌跡と負の実軸との交点において，$P(j\omega)K(j\omega)$ の絶対値が 1 より小さければ $-1+j0$ をまわらないのでフィードバック制御系が安定であり，1 より大きければ不安定である．あるいは，ベクトル軌跡と原点を中心とする半径 1 の円との交点において，$P(j\omega)K(j\omega)$ の位相が -180 deg に届かなければ $-1+j0$ をまわらないのでフィードバック制御系が安定であり，越えていれば不安定である．

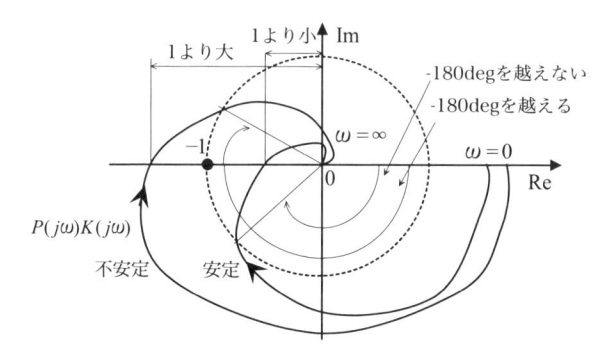

図 11.4　$P(s)K(s)$ が安定な場合のナイキストの安定判別

ベクトル軌跡がちょうど $-1+j0$ を通過すれば 安定と不安定の境目であるので，**安定限界**（stability limit）といわれる．このとき，$-1+j0$ を通過するときの角周波数を ω_m とすれば，$-1+j0 = P(j\omega_m)K(j\omega_m)$ が満たされるので，$1+P(j\omega_m)K(j\omega_m) = 0$ となる．これは特性方程式に根 $j\omega_m$ があることを意味しており，フィードバック制御系の応答にモード $\sin\omega_m t$ と $\cos\omega_m t$ が現れる．

上記の簡単化された安定判別法はボード線図上では以下で行え，これを図 11.5 に示す．

1) $\angle P(j\omega)K(j\omega) = -180$ deg となる周波数を ω_a とする．このとき，$|P(j\omega_a)K(j\omega_a)| < 1 = 0$ dB ならばフィードバック制御系が安定，$|P(j\omega_a)K(j\omega_a)| = 1 = 0$ dB ならばフィードバック制御系が安定限界，$|P(j\omega_a)K(j\omega_a)| > 1 = 0$ dB ならばフィードバック制御系が不安定である．

2) $|P(j\omega)K(j\omega)| = 1 = 0$ dB となる周波数を ω_c とする．このとき，$\angle P(j\omega_c)K(j\omega_c) > -180$ deg ならばフィードバック制御系が安定，$\angle P(j\omega_c)K(j\omega_c) = -180$ deg ならばフィードバック制御系が安定限界，$\angle P(j\omega_c)K(j\omega_c) < -180$ deg ならばフィードバック制御系が不安定である．

ω_a を位相交差角周波数（phase crossover frequency），ω_c をゲイン交差角周波数（gain crossover frequency）という．

(a) フィードバック制御系が安定　　(b) フィードバック制御系が不安定

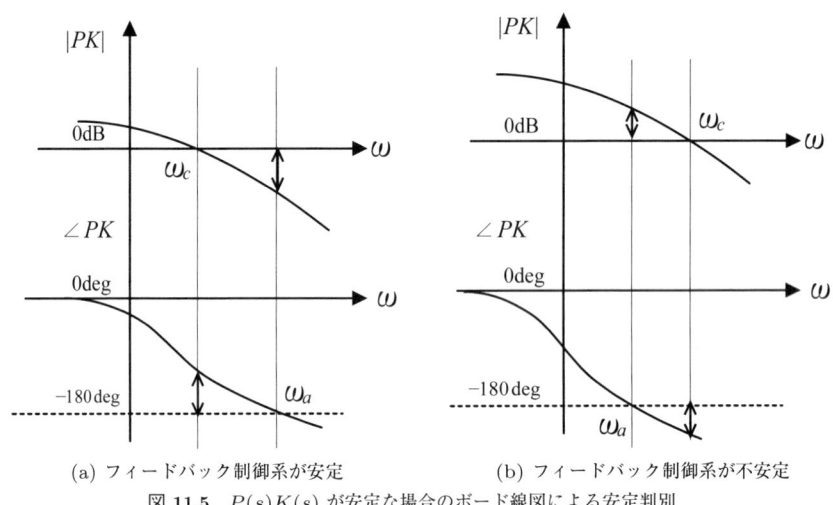

図 11.5 $P(s)K(s)$ が安定な場合のボード線図による安定判別

11.1.2 ナイキストの安定条件の導出

ナイキストの安定条件はつぎの命題からただちに得られるので，これを以下で示す．

- M を $P(s)K(s)$ の不安定極（虚軸を含まない）の個数，N を $1+P(s)K(s)$ の不安定零点（虚軸を含まない）の個数，Z を ω を $-\infty$ から $+\infty$ に連続に変えたとき，$P(j\omega)K(j\omega)$ のベクトル軌跡が $-1+j0$ の周りをまわる回数（ただし，反時計方向を正とする）とする．なお，ベクトル軌跡は点 $-1+j0$ 上を通過しないとする．このとき，$Z = M - N$ が成り立つ．

導出）

$$P(s)K(s) = \frac{b(s)d(s)}{a(s)c(s)} \tag{11.6}$$

とおく．$a(s)$, $b(s)$, $c(s)$, $d(s)$ は多項式で，厳密にプロパーの前提条件より，$a(s)c(s)$ の次数は $b(s)d(s)$ の次数より高い．これより，$a(s)b(s)$ の次数を n とすると，$a(s)c(s) + b(s)d(s)$ は n 次多項式であり，

$$1 + P(s)K(s) = \frac{a(s)c(s) + b(s)d(s)}{a(s)c(s)} \tag{11.7}$$

$$= \frac{(s - z_1) \cdots (s - z_n)}{(s - p_1) \cdots (s - p_n)} \tag{11.8}$$

と表せる．零点 $z_1, z_2, \cdots, z_n$ は $a(s)c(s) + b(s)d(s) = 0$ の根であるので，これらはフィードバック制御系の極であり，仮定より実部が正のものが N 個ある．また，極 $p_1, p_2, \cdots, p_n$ は $a(s)c(s) = 0$ の根であるので，これらは開ループ系 $P(s)K(s)$ の極であり，仮定より実部が正のものが M 個ある．

さて，図 11.6 のように，s 平面上に，$p_1, p_2, \cdots, p_n$ を × で，$z_1, z_2, \cdots, z_n$ を ○ で描く．そして，これらの点の中で右半平面内にある点をすべて囲むように十分大きな閉経路を考えよう．

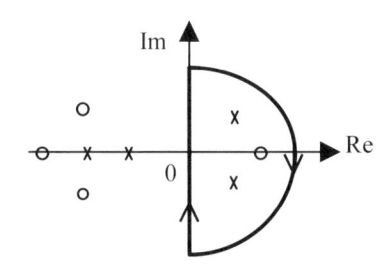

図 11.6 複素右半平面の極と零点を囲む閉経路

(11.8) 式より，偏角は

$$\angle\{1 + P(s)K(s)\} = \sum_{i=1}^{n} \angle(s - z_i) - \sum_{i=1}^{n} \angle(s - p_i) \tag{11.9}$$

を満たす．そこで，s が閉経路上を時計周りの方向に 1 周するとき，偏角の増分を求める．

$1 + P(s)K(s) = P(s)K(s) - (-1 + j0)$ と表せるから，$\angle\{1 + P(s)K(s)\}$ は

点 $-1+j0$ から点 $P(s)K(s)$ へのベクトルの偏角を表し，仮定より ω が $-\infty$ から $+\infty$ まで変化するときに $P(j\omega)K(j\omega)$ のベクトル軌跡が $-1+j0$ の周りを反時計方向に Z 回まわるので，左辺の偏角の増分は $2\pi Z$ である．

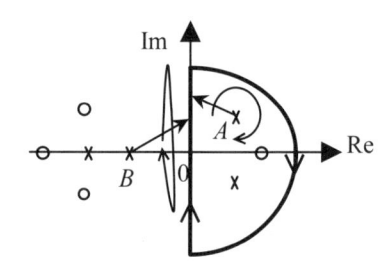

図 11.7 s が経路を 1 周するときの $s-p_i$ の偏角の増分（A の場合は -2π, B は 0）

つぎに右辺の偏角の増分を考えよう．$\angle(s-p_i)$ は，点 p_i から経路上の点 s へのベクトルの偏角であるから，図 11.7 の点 A のように p_i が閉経路内の領域の内側にあれば偏角の増分は -2π であり，点 B のように p_i が領域の外側にあれば偏角の増分は 0 である．この領域内に M 個の p_i があるので，これらによる偏角の増分和は $-2\pi M$ である．なお，反時計まわりを正としているのでマイナス符号としている．$\angle(s-z_i)$ も同様の考え方により領域内のある z_i による偏角の増分和が $-2\pi N$ となる．以上を (11.9) 式に適用して次式が成り立つ．

$$2\pi Z = -2\pi N - (-2\pi M) \qquad (11.10)$$

よって，$Z = M - N$ が示された．

11.1.3 一巡伝達関数が虚軸上に極を持つ場合

$P(s)K(s)$ が虚軸上に極を持つと，その点で $P(j\omega)K(j\omega)$ の偏角の増分が求められないので，虚軸上の極を迂回するように閉経路を修正する方法が用いられる．$s=0$ に極があるつぎの 2 次系を考えよう．

$$P(s)K(s) = \frac{1}{s(s+10)} \qquad (11.11)$$

$s=0$ を迂回するために，図 11.8 のように右半平面内に半径 ε で反時計まわりの経路をとる．これにより，閉経路の内側にある不安定極数は $M=0$ になる．この迂回路上の s に対する $P(s)K(s)$ の軌跡を求めよう．迂回路は $s = \varepsilon e^{j\theta}$ (θ:

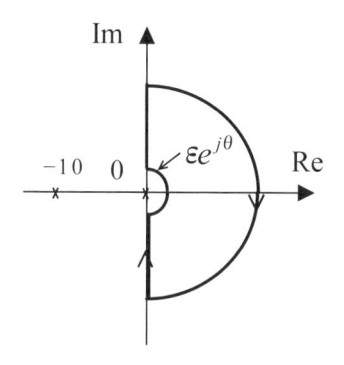

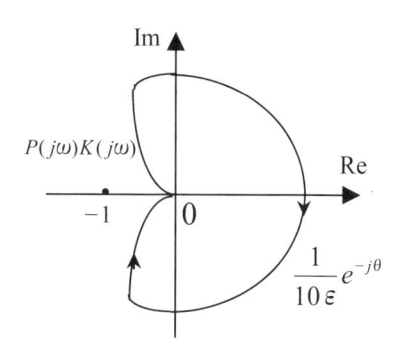

図 11.8 虚軸上の極を迂回する経路 **図 11.9** 迂回経路によるナイキスト経路の修正

$-\pi/2 \sim \pi/2)$ で表せるので，

$$P(\varepsilon e^{j\theta})K(\varepsilon e^{j\theta}) \approx \frac{1}{10\varepsilon}e^{-j\theta} \qquad (11.12)$$

となり，半径 $1/(10\varepsilon)$ で $\angle PK$ が $\pi/2$ から $-\pi/2$ へ変化する時計まわりの大きな半円となる．よって，ナイキスト軌跡が図 11.9 のようになり，$-1+j0$ をまわる回数は $Z=0$ である．以上より，$Z=M$ となりフィードバック制御系は安定である．

一般に複数の極が虚軸上にある場合には，図 11.10 のように閉経路が修正される．この修正経路に対してナイキスト軌跡を描いて安定判別を行う．

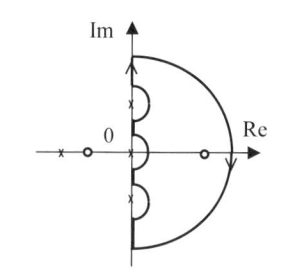

図 11.10 複数の極が虚軸上にある場合の迂回路

11.2 ゲイン余裕，位相余裕，安定余裕

$P(j\omega)K(j\omega)$ のベクトル軌跡が点 $-1+j0$ に近くなると振動的になり，離れ過ぎると過渡応答が遅くなる．このようにこの距離はシステムの安定度を表している．ここではこの指標であるゲイン余裕 g_m，位相余裕 ϕ_m，および，安定余裕 s_m について述べる．なお，この距離が大きいほどに制御対象の特性変動に対しフィードバック制御系が不安定になりにくいと考えられるので，これらは特性変動に対する安定余裕も表している．

11.2.1 ゲイン余裕

一巡伝達関数 $L(s) = P(s)K(s)$ を g 倍した図 11.11 のフィードバック制御系を考えよう．$g = 1$ ではフィードバック制御系が安定であるが，g を大きくしていくと $g = g_m$ でフィードバック制御系が安定限界となるとする．この g_m をゲイン余裕 (gain margin)

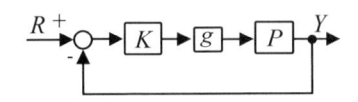

図 11.11 フィードバック制御系のゲイン調整

という．$L(s)$ が安定な場合についてゲイン余裕の計算法を説明する．

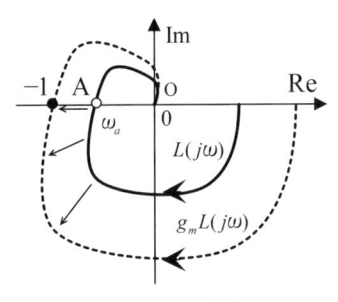

図 11.12 ゲイン余裕 g_m

図 11.12 のように実線のベクトル軌跡 $L(j\omega)$ が ω_a のときに負の実軸と点 A で交わるとする．図 11.5 で述べたように ω_a は位相交差角周波数といわれ，

$$\angle L(j\omega_a) = -\pi \tag{11.13}$$

を満たす．線分 OA の長さは $\overline{\mathrm{OA}} = -L(j\omega_a)$ であり，安定限界では $-1 + j0 = g_m L(j\omega_a)$ であるので，ゲイン余裕は次式で与えられる．

$$g_m = -\frac{1}{L(j\omega_a)} = \frac{1}{\overline{\mathrm{OA}}} \tag{11.14}$$

11.2.2 位相余裕

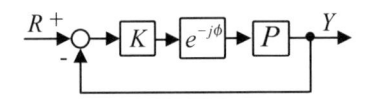

図 11.13 フィードバック制御系の位相調整

一巡伝達関数 $L(s) = P(s)K(s)$ の位相をすべての周波数で ϕ [rad] だけ遅らせる仮想的な要素 $e^{-j\phi}$ を挿入した図 11.13 のフィードバック制御系を考えよう．$\phi = 0$ ではフィードバック制御系が安定であるが，位相遅

れ ϕ を大きくしていくと $\phi = \phi_m$ でフィードバック制御系が安定限界となるとする．この ϕ_m を**位相余裕**（phase margin）という．$L(s)$ が安定な場合について位相余裕の計算法を説明する．

図 11.14 で，破線の $L(s)e^{-j\phi_m}$ のベクトル軌跡は実線の $L(s)$ のベクトル軌跡を時計まわりに原点を中心に ϕ_m [rad] だけ回転させた軌跡である．実線のベクトル軌跡が半径 1 の円と ω_c のとき点 C で交わるとすると，位相余裕は角度 ∠COA で与えられる．図 11.5 で述べたように ω_c はゲイン交差角周波数といわれ，次式を満たす．

$$|L(j\omega_c)| = 1 = 0\,\mathrm{dB} \tag{11.15}$$

安定限界では $-1 + j0 = L(j\omega_c)e^{-j\phi_m}$ が成り立つので，$-\pi = \angle\{L(j\omega_c)\} - \phi_m$ より，位相余裕は次式で与えられる．

$$\phi_m = \angle\{L(j\omega_c)\} + \pi\,[\mathrm{rad}] \tag{11.16}$$

例 11.3 $L(s) = P(s)K(s)$ のベクトル軌跡が図 11.15 に示されている．$P(s)K(s)$ が安定として，ゲイン余裕と位相余裕を求めよ．

解) ベクトル軌跡が実軸と -0.5 で交わるので，$g_m \times 0.5 = 1$ より $g_m = 2 = 6.02\,\mathrm{dB}$ である．ベクトル $L(j\omega)$ の長さが 1 になるときの $L(j\omega)$ の位相角が $-125\,\mathrm{deg}$ であるので，$\phi_m = -125 + 180 = 55\,\mathrm{deg}$ である．

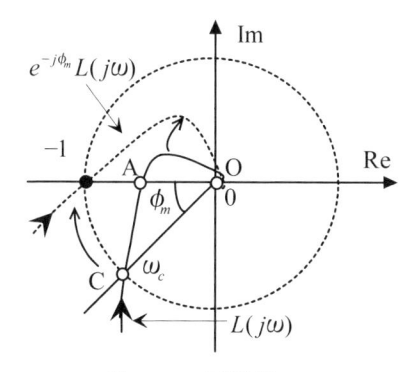

図 11.14 位相余裕 ϕ_m

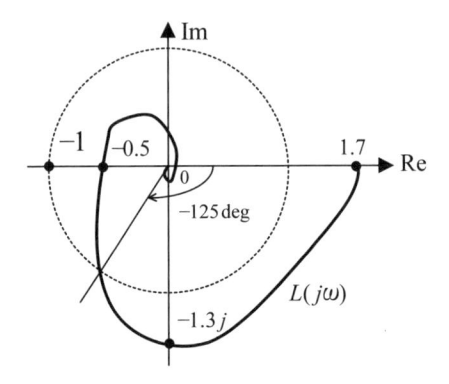

図 11.15 ベクトル軌跡と位相余裕

例 11.4

$$L(s) = \frac{1}{s(s+1)} \tag{11.17}$$

のとき，ゲイン余裕と位相余裕を計算で求めよ．

解） $L(s)$ のベクトル軌跡は図 11.16 のようである．$L(s)$ のベクトル軌跡が実軸と原点以外で交わらないので，$g_m = \infty$ である．つぎに位相余裕を計算する．ゲイン交差角周波数 $\omega_c [\mathrm{rad/s}]$ は

$$\left| \frac{1}{j\omega_c(j\omega_c + 1)} \right| = 1 \tag{11.18}$$

より，$1 = \omega_c \sqrt{\omega_c^2 + 1}$ を満たす．$X = \omega_c^2$ とおくと，$X \geq 0$ かつ $X^2 + X - 1 = 0$ であるので，

$$X = \frac{-1 + \sqrt{5}}{2} = 0.618 \tag{11.19}$$

よって，$\omega_c = \sqrt{X} = 0.786\,\mathrm{rad/s}$ である．

$$L(j\omega_c) = \frac{-\omega_c - j}{\omega_c(1 + \omega_c^2)} \tag{11.20}$$

であるから，ϕ_m は図 11.17 のように複素平面でベクトル $-\omega_c - j$ と負の実軸のなす角で与えられ，

$$\tan \phi_m = \frac{1}{\omega_c} \tag{11.21}$$

を満たす．よって，$\phi_m = \tan^{-1}(1/\omega_c) = 51.8\,\mathrm{deg} = 0.905\,\mathrm{rad}$ が得られる．

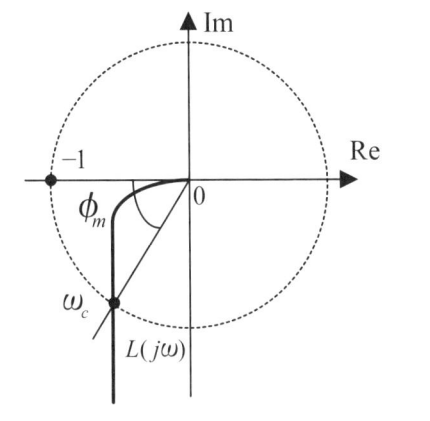

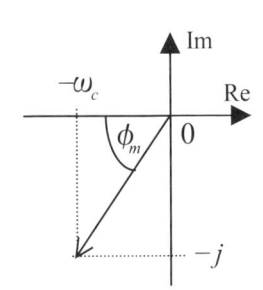

図 11.16　ベクトル軌跡と安定余裕　　　図 11.17　位相余裕の計算

例 11.5 目標値応答の伝達関数が $G(s) = P(s)K(s)/\{1+P(s)K(s)\}$ で与えられ，

$$G(s) = \frac{1}{(s+1)(s^2+1.5s+1)} \tag{11.22}$$

とする．このシステムのゲイン余裕を求めよ．

解） 一巡伝達関数は

$$P(s)K(s) = \frac{G(s)}{1-G(s)} = \frac{1}{s(s^2+2.5s+2.5)} \tag{11.23}$$

である．

$$P(j\omega)K(j\omega) = \frac{1}{\omega\{-2.5\omega + j(2.5-\omega^2)\}} \tag{11.24}$$

の虚部がゼロのときの ω が位相交差角周波数 ω_a を与える．これは上式では分母の虚部がゼロに等価であるので，$\omega_a = \sqrt{2.5}$ rad/s を得る．このとき $P(j\omega_a)K(j\omega_a) = -1/(2.5^2)$ なので，$g_m = 6.25$ である．

むだ時間要素によるフィードバック制御系の不安定化

　図 11.13 の位相余裕の評価では，現実には存在しない仮想的な要素 $e^{-j\phi}$ を用いている．実在する要素としてむだ時間要素 $e^{-j\omega T_d}$ を挿入したフィードバック制御系を考えよう．むだ時間要素により T_d [s] の伝達遅れが生じ，ωT_d [rad] の位相遅れが生じるので，フィードバック制御系が安定限界となる条件は

$$\omega_c T_d = \phi_m \tag{11.25}$$

となる.よって,

- 位相余裕 ϕ_m とゲイン交差角周波数 ω_c のフィードバック制御系に,

$$T_d \geq \frac{\phi_m}{\omega_c} \tag{11.26}$$

のむだ時間要素 e^{-sT_d} を挿入すると,フィードバック制御系は不安定になる.

例 11.6 位相余裕が $\phi_m = 60\,\mathrm{deg}$ のフィードバック制御系がある.$\omega_c = 1\,\mathrm{rad/s}$ の場合には何秒のむだ時間によりこの系は不安定になるか.また,$\omega_c = 10\,\mathrm{rad/s}$ ではどうか.

解) $60\,\mathrm{deg} = 1.05\,\mathrm{rad}$ であるので,$\omega_c = 1\,\mathrm{rad/s}$ ではむだ時間の余裕は約 $1.05\,\mathrm{s}$ であり,$\omega_c = 10\,\mathrm{rad/s}$ では約 $0.105\,\mathrm{s}$ である.

ボード線図によるゲイン余裕と位相余裕の読み取り方

図 11.18 にベクトル軌跡によるゲイン余裕と位相余裕を示す.これらはボード線図では図 11.19 のように表される.すなわち,ゲイン余裕 g_m [dB] は $L(j\omega)$ の位相が $-180\,\mathrm{deg}$ となる位相交差角周波数 ω_a における $L(j\omega_a)$ のゲインと $0\,\mathrm{dB}$ の差で与えられる.すなわち,$g_m = -20\log_{10}|L(j\omega_a)|$ [dB] である.位相余裕 ϕ_m [deg] は $L(j\omega) = P(j\omega)K(j\omega)$ のゲインが $0\,\mathrm{dB}$ となるゲイン交差角周波数 ω_c における $L(j\omega_c)$ の位相と $-180\,\mathrm{deg}$ の差で与えられる.すなわち $\phi_m = \angle L(j\omega_c) + 180$

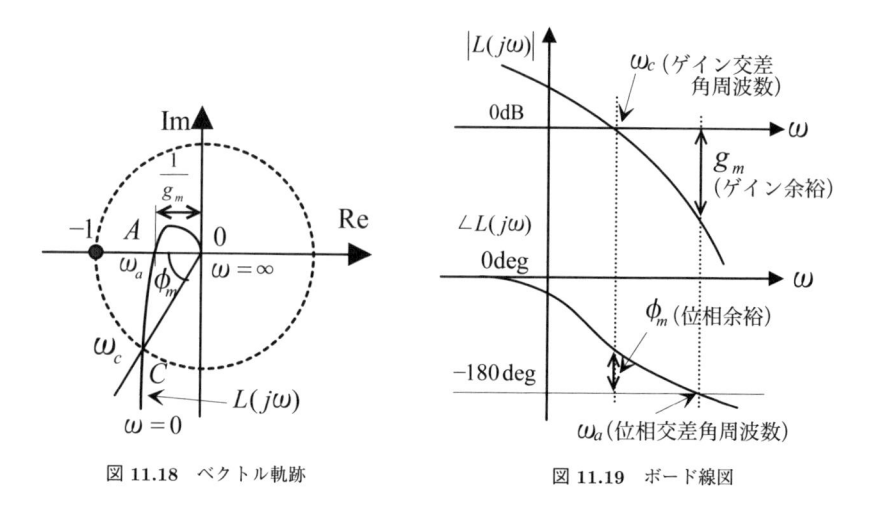

図 11.18 ベクトル軌跡

図 11.19 ボード線図

表 11.1 ゲイン余裕と位相余裕

	位相余裕 [deg]	ゲイン余裕 [dB]
追従制御	$40 \sim 60$	$10 \sim 20$
定値制御	20 以上	$3 \sim 10$

deg である．

適度な安定度を与える位相余裕やゲイン余裕の経験的な適正値を表 11.1 に示す．

11.2.3 安 定 余 裕

複素平面上でのベクトル軌跡と $-1+j0$ の間の余裕を，ゲイン余裕は実軸上で位相余裕は単位円上で測っている．図 11.20 のようにゲイン余裕や位相余裕が十分にあっても，ベクトル軌跡が $-1+j0$ に近くなる場合がある．そこで，**安定余裕**（stability margin）を次式のベクトル軌跡と $-1+j0$ との最短距離で定義する．

$$s_m = \min_{\omega} |P(j\omega)K(j\omega) - (-1+j0)| \tag{11.27}$$

安定余裕を $\eta > 0$ 以上にする制約式は

$$|1 + P(j\omega)K(j\omega)| \geq \eta, \quad \omega \in [0, \infty) \tag{11.28}$$

と表され，これは図 11.21 のように $P(j\omega)K(j\omega)$ が中心 $-1+j0$ で半径 η の円板の外部にあることを意味する．安定余裕は経験的には $\eta = 0.5$ 以上が望ましい．

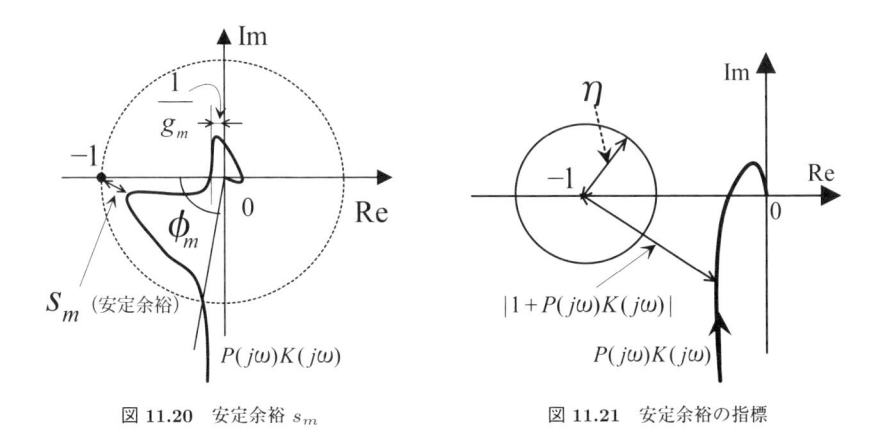

図 11.20 安定余裕 s_m

図 11.21 安定余裕の指標

11.3 ロバスト安定解析

11.3.1 モデル誤差とロバスト性

制御系の設計では，制御対象の特性を数式モデルで表し，制御器を設計する．数式モデルは実際の特性の近似であり常に誤差がある．モデル誤差により設計で達成された良好な性能が実システムでは得られない場合がある．そこで，モデル誤差にロバスト（頑健，robust）な制御系を設計することが必要である．モデル誤差に対するフィードバック制御系の安定解析を**ロバスト安定解析**といい，モデル誤差を考慮した設計を**ロバスト制御系設計**という．

モデル誤差が小さいようでも，高速・高精度な特性を目指すとモデル誤差の影響が表れ，つぎの例のように，

- 任意に小さいモデル誤差も任意に悪いフィードバック制御系の性能になり得る．

このため，モデル誤差を設計時に考慮することが必要である．

例 11.7 実システムの伝達関数が $\tilde{P}(s) = 10/(s^2 + 11s + 10)$ で，そのモデルが $P(s) = 1/(s+1)$ で与えられるとしよう．これらのステップ応答は類似している（演習問題 10.1）．定数ゲイン K の比例制御による目標応答 $Y(s) = T(s)R(s)$ と $\tilde{Y}(s) = \tilde{T}(s)R(s)$ の違いを比較せよ．

解）

$$T(s) = \frac{P(s)K}{1+P(s)K} = \frac{K}{s+1+K} \tag{11.29}$$

$$\tilde{T}(s) = \frac{\tilde{P}(s)K}{1+\tilde{P}(s)K} = \frac{10K}{s^2+11s+10(1+K)} \tag{11.30}$$

より，モデルの場合には $T(s)$ は1次遅れ系であるので，$T(s)$ のステップ応答は非振動的で K が大きいほど速やかに定常値に漸近する．一方，実システムの場合には，$\tilde{T}(s)$ は2次系で

$$\omega_n = \sqrt{10(1+K)}, \quad \zeta = \frac{11}{2\sqrt{10(1+K)}} \tag{11.31}$$

であるので，$K=1$ のとき $\omega_n = 4.47$, $\zeta = 1.23$, $K=50$ のとき $\omega_n = 22.6$, $\zeta = 0.244$ となり，K が大きいと振動的になる．図 11.22 に $K=1$ の場合の目標値応答と $K=50$ の場合の目標値応答を示す．$K=50$ では，破線のように実システムの応答が振動的となり，実線と比べて応答に大差が生じている．

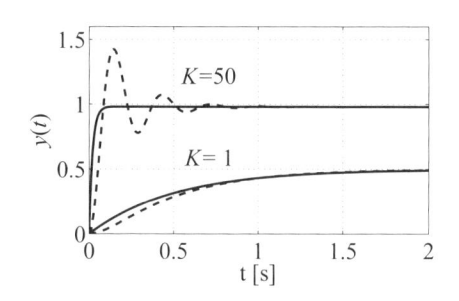

図 **11.22** 目標値応答の比較（破線 $\tilde{T}(s)$, 実線 $T(s)$）

11.3.2 モデル集合

制御系設計に用いる制御対象の名目上のモデルを $P(s)$ で表し，これをノミナルモデル（nominal model）という．ノミナルモデルと実システムの特性の間には誤差があり，誤差の影響を解析や設計で定量的に扱うために，モデル誤差を考慮した制御対象のモデルを次式で与える．

$$\tilde{P}(s) = P(s) + \Delta_a(s) \tag{11.32}$$

$$|\Delta_a(j\omega)| \leq |W_a(j\omega)|, \quad \omega \in R \tag{11.33}$$

ここに，モデル誤差 $\Delta_a(s)$ は未知であるが，大きさ $|W_a(j\omega)|$ は既知とする．このモデル誤差を**加法的モデル誤差**（additive model error）という．ところで，$\tilde{P}(s)$ が詳細モデルで $P(s)$ が制御系設計のための低次元モデルである場合には，これらが既知であるのでモデル誤差の大きさは次式で評価できる．

$$|W_a(j\omega)| = |\tilde{P}(j\omega) - P(j\omega)| \tag{11.34}$$

もう 1 つのモデル誤差表現を次式で与える．

$$\tilde{P}(s) = P(s)\{1 + \Delta_m(s)\} \tag{11.35}$$

$$|\Delta_m(j\omega)| \leq |W_m(j\omega)|, \quad \omega \in R \tag{11.36}$$

このモデル誤差 Δ_m を**乗法的モデル誤差**（multiplicative model error）といい，加法的モデル誤差との間につぎの関係がある．

$$\Delta_m(s) = \frac{\tilde{P}(s) - P(s)}{P(s)} = \frac{\Delta_a(s)}{P(s)} \tag{11.37}$$

$P(s)$ が厳密にプロパーなので $|P(j\omega)|$ は高周波数でゼロに漸近するので，上式より $|\Delta_m(j\omega)|$ は高周波数で大きくなる．

図 11.23 に加法的モデル誤差 $\Delta_a(s)$ による制御対象 $\tilde{P}(s)$ のブロック線図と，同様に，図 11.24 に乗法的モデル誤差 $\Delta_b(s)$ による制御対象のブロック線図を示す．

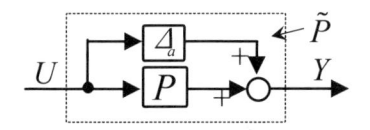

図 11.23 制御対象の加法的モデル誤差表現 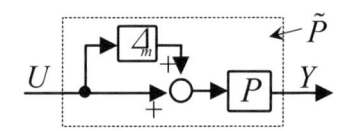   **図 11.24** 制御対象の乗法的モデル誤差表現

例 11.8 ノミナルモデルが $P(s) = 10/(s+1)$ であり，加法的モデル誤差の大きさが $|W_a(j\omega)| = 1$ である．$\tilde{P}(s)$ のベクトル軌跡の存在範囲を描け．

解） 各周波数で，中心が $P(j\omega)$ で，半径が 1 の円板内にベクトル軌跡があるので図 11.25 の幅のあるベクトル軌跡が得られる．たとえば，$\omega = 0, 1, \infty$ では各円板内に $\tilde{P}(j\omega)$ が含まれる．

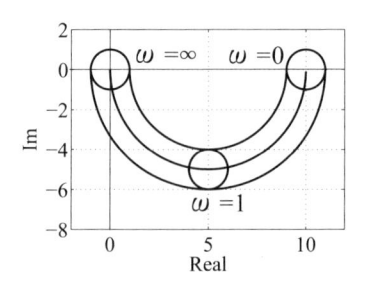

図 11.25 幅のあるベクトル軌跡によるモデル集合表現

11.3 ロバスト安定解析

例 11.9 例 11.8 の加法的モデル誤差のモデルを乗法的モデル誤差のモデルで表し，$W_m(s)$ を求めよ．

解) 加法的モデル誤差のモデルは $|\Delta_a(j\omega)| \leq 1, \ \omega \in R$ を用いて

$$\tilde{P}(s) = \frac{10}{s+1} + \Delta_a(s) \tag{11.38}$$

と表される．これを乗法的モデル誤差のモデルで表すと

$$\tilde{P}(s) = \frac{10}{s+1}\{1 + \Delta_m(s)\}, \ \Delta_m(s) = \frac{s+1}{10}\Delta_a(s) \tag{11.39}$$

となる．ここで，乗法的モデル誤差の大きさは

$$|\Delta_m(j\omega)| = \frac{|j\omega+1|}{10}|\Delta_a(j\omega)| \leq \frac{|j\omega+1|}{10} \tag{11.40}$$

と評価できるので，$W_m(s) = (s+1)/10$ である．

例 11.10 制御対象が

$$\tilde{P}(s) = \frac{K}{1+sT}e^{-T_d s} \tag{11.41}$$

で表され，これをむだ時間要素の 1 次のパデ近似を用いて

$$P(s) = \frac{K}{1+sT}\frac{1-0.5T_d s}{1+0.5T_d s} \tag{11.42}$$

で近似する．ノミナルモデルを $P(s)$ とするとき，乗法的モデル誤差を求めよ．

解) 乗法的モデル誤差は

$$\Delta_m(s) = \frac{\tilde{P}(s) - P(s)}{P(s)} = \frac{1+0.5T_d s}{1-0.5T_d s}e^{-sT_d} - 1 \tag{11.43}$$

で表される．このゲイン特性は図 11.26 の実線で示される．これをモデル誤差の大きさとして用いることができる．モデル誤差の上界を有理関数で表したい場合には，評価が保守的になるが，たとえば，破線をモデル誤差の大きさに用いる．この破線は

$$W_m(s) = 2.1\left(\frac{s}{s+1/T_d}\right)^3 \tag{11.44}$$

のゲイン特性であり，$|\Delta_m(j\omega)| \leq |W_m(j\omega)|$ を満たす．

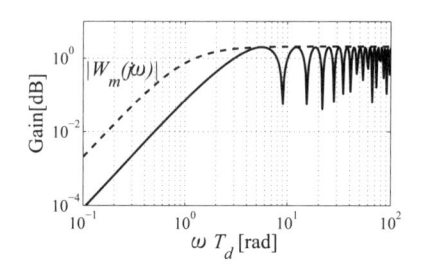

図 11.26 乗法的モデル誤差の評価

11.3.3 ロバスト安定条件

図 11.27 に制御対象 $\tilde{P}(s)$ をノミナルモデル $P(s)$ と乗法的モデル誤差 $\Delta_m(s)$ を用いて表したフィードバック制御系のブロック線図を示す．モデル集合に含まれるすべての $\tilde{P}(s)$ に対しフィードバック制御系が安定であるとき，ロバスト安定という．次式のモデル集合に対するロバスト安定性を保証する条件を与える．

$$\mathcal{P} = \left\{ \tilde{P}(s) = P(s)\{1 + \Delta_m(s)\},\ |\Delta_m(j\omega)| \leq |W_m(j\omega)| \right\} \quad (11.45)$$

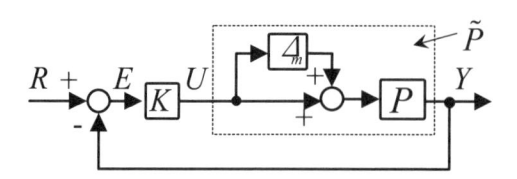

図 11.27 モデル誤差を考慮したフィードバック制御系

- ロバスト安定条件（robust stability condition）

ノミナルモデル $P(s)$ が $K(s)$ で安定化され，$\tilde{P}(s)$ と $P(s)$ の不安定極数が同じとする．このとき，

$$|T(j\omega)W_m(j\omega)| < 1,\quad \omega \in [0,\infty) \quad (11.46)$$

が成り立てば，$\mathcal{P}$ に含まれるすべての $\tilde{P}(s)$ に対し図 11.27 のフィードバック制御系は安定である．逆に，ある ω でこの不等式が満たされなければ，フィードバック制御系が不安定となる $\tilde{P}(s)$ が $\mathcal{P}$ に存在する．ここに，$T(s)$ は相補感度関数（complementary sensitivity function）といわれ，次式で定義さ

れる.

$$T(s) = \frac{P(s)K(s)}{1+P(s)K(s)} \tag{11.47}$$

導出) 十分性のみ示す．$P(s)K(s)$ と $\tilde{P}(s)K(s)$ の不安定極数が同じで，$P(s)K(s)$ からなるフィードバック制御系が安定であるので，ナイキストの安定条件より $\tilde{P}(s)K(s)$ のベクトル軌跡が $-1+j0$ をまわる回数が $P(s)K(s)$ のそれと同じであれば，$\tilde{P}(s)K(s)$ からなるフィードバック制御系は安定である．言い換えれば，

$$1+P(j\omega)\{1+\Delta_m(j\omega)\}K(j\omega) \neq 0, \ \omega \in [0,\infty) \tag{11.48}$$

が $|\Delta_m(j\omega)| \leq |W_m(j\omega)|$ を満たすすべての $\Delta_m(s)$ で成り立てばよい．上式より，$\omega \in [0,\infty)$ に対して

$$\{1+P(j\omega)K(j\omega)\}\left\{1+\frac{\Delta_m(j\omega)P(j\omega)K(j\omega)}{1+P(j\omega)K(j\omega)}\right\} \neq 0 \tag{11.49}$$

が得られる．$P(s)K(s)$ のフィードバック制御系が安定であるから，$1+P(j\omega)K(j\omega) \neq 0$ である．また，

$$|1+\Delta_m(j\omega)T(j\omega)| \geq 1 - |\Delta_m(j\omega)T(j\omega)|$$
$$\geq 1 - |W_m(j\omega)||T(j\omega)| \tag{11.50}$$

であるから，(11.46) 式が成り立てば，$1+\Delta_m(j\omega)T(j\omega) \neq 0$ である．よって示された．

(11.46) 式は，

$$|T(j\omega)| < \frac{1}{|W_m(j\omega)|}, \ \omega \in [0,\infty) \tag{11.51}$$

と表せるので

- すべての周波数で $T(j\omega)$ のゲインが $1/|W_m(j\omega)|$ より小さければロバスト安定である

といえる．

例 11.11 $P(s) = 1/(s^2+3s+4)$, $K(s) = a/s$ である．乗法的モデル誤差の大きさが $W_m(s) = 0.1+0.1s$ で評価されている．フィードバック制御系が $a = 6, 8, 10$ でロバスト安定であるか解析せよ．

解）$P(s)$ と $K(s)$ からなるノミナルなフィードバック制御系の特性方程式は $s^3 + 3s^2 + 4s + a = 0$ であるので，ラウスの安定判別法により，ノミナルなフィードバック制御系の安定条件は $0 < a < 12$ である．よって，ノミナルフィードバック制御系は $a = 6, 8, 10$ に対して安定である．つぎにロバスト安定性を調べる．図 11.28 に $T(j\omega)$ のゲイン線図を実線で $1/W_m(j\omega)$ のゲイン線図を破線で示す．これより，$a = 6, 8$ではロバスト安定条件 (11.51) 式が満たされている．$a = 10$ では $\omega = 2$ rad/s 付近で破線より実線が上にあるのでロバスト安定性は保証されない．

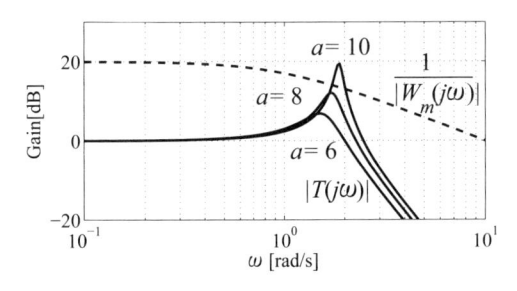

図 **11.28** ロバスト安定解析

演 習 問 題

11.1 図 11.1 のシステムでプラントの伝達関数が
$$P(s) = \frac{30}{(s+1)(s+2)(s+3)}$$
で与えられ，制御器は定数ゲイン K とする．$0 < K < K_{\max}$ の範囲でフィードバック制御系が安定となるとき，ナイキストの安定判別により，以下の手順に従って $K_{\max}$ を求めよ．
(1) $P(s)$ のベクトル軌跡を大雑把に描け．
(2) $P(j\omega)$ のベクトル軌跡が実軸と交わるときの ω と値 $P(j\omega)$ を計算せよ．
(3) 上記の結果を用いて $K_{\max}$ を求めよ．

11.2
$$P(s) = \frac{1-s}{(s+1)s}, \quad K = 0.5$$
からなるフィードバック制御系を考える．$P(s)K$ のベクトル軌跡を大雑把に描き，位相余裕を計算で正確に求めよ．

11.3
$$P(s) = \frac{1}{(s+1)(s+5)s}, \ K = 5$$
からなるフィードバック制御系を考える．$P(s)K$ のボード線図を折れ線近似で描き，ゲイン余裕と位相余裕を図中に記入せよ．

11.4 $P(s) = \dfrac{1}{s^2+s}, \ K(s) = \dfrac{s+0.5}{s}$ である．乗法的モデル誤差の大きさが $W_m(s,q) = (0.1 + 0.1s)q$ で評価され，$P(s)$ は安定とする．フィードバック制御系のロバスト安定性を保証できる q の最大値を数値計算で求めよ．

Chapter 12

制御性能の評価

制御性能の仕様には以下のような複数の項目が挙げられる．これらの項目の間には相反するものもあり，トレードオフを考慮した制御器設計が必要となる．

1) 初期値応答が速やかに減衰する．
2) 適度な安定余裕が確保されている．
3) 目標値応答や外乱応答に速応性がある．
4) 定常状態で制御偏差や外乱が十分に抑制される．
5) 特性変動に対し応答特性が低感度である．
6) モデル誤差に対しフィードバック制御系がロバスト安定である．

項目1の初期値応答は8.3節で述べた極配置で評価されるが，他の項目は感度関数と相補感度関数のゲイン特性で評価できる．本章では後者の評価法を説明する．さらに，古典制御で用いられてきた一巡伝達関数の周波数特性による設計指針を説明し，その意味づけを感度関数と相補感度関数の設計仕様から与える．

12.1 感度関数と相補感度関数による評価

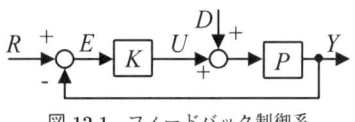

図 12.1 フィードバック制御系

図 12.1 のフィードバック制御系に対し，一巡伝達関数 $L(s)$，感度関数（sensitivity function）$S(s)$，相補感度関数 $T(s)$ を次式で定義する．

$$L(s) = P(s)K(s) \tag{12.1}$$

$$S(s) = \frac{1}{1 + P(s)K(s)} \tag{12.2}$$

$$T(s) = \frac{P(s)K(s)}{1+P(s)K(s)} \tag{12.3}$$

$P(s)K(s)$ は厳密にプロパーとする．このとき $P(\infty)K(\infty) = 0$ より，$S(\infty) = 1$ また $T(\infty) = 0$ である．

12.1.1 制御偏差の評価

目標値から制御偏差への伝達特性は

$$E(s) = \frac{1}{1+P(s)K(s)}R(s) = S(s)R(s) \tag{12.4}$$

であるので，ステップ目標値 $R(s) = 1/s$ に対する定常偏差は $e(\infty) = S(0)$ である．よって，$S(0) = 0 = -\infty\,\mathrm{dB}$ となるとき定常偏差 $e(\infty) = 0$ となる．$P(s)K(s)$ が1型以上であれば $S(0) = 0$ となる．

また，$r(t) = \sin\omega t$ の目標値に対する制御偏差の定常応答は $e(t) = |S(j\omega)|\sin\{\omega t + \angle S(j\omega)\}$ であるので，$|S(j\omega)| < 1$ を満たす周波数において，目標値の振幅に比べて制御偏差の振幅を小さくできる．また，$|S(j\omega)| < 1$ ならば，外乱応答 $Y(s) = P(s)S(s)D(s)$ はフィードバック制御なしの $Y(s) = P(s)D(s)$ の場合に比べて小さくなる．よって，$|S(j\omega)| < 1 = 0\,\mathrm{dB}$ となる周波数帯域を Ω_f と表すとき，Ω_f はフィードバック制御により目標値応答や外乱応答が改善される周波数帯域である．

12.1.2 低感度特性の評価

制御対象の特性には常にモデル誤差や経年変化による変動がある．この特性変動に対してフィードバック制御系の応答特性が変化しにくいことが一定の性能を維持するために必要であり，これは低感度特性と呼ばれる．

制御対象の伝達関数の変動率とフィードバック制御系の伝達関数の変動率の関係を評価しよう．目標値応答は $Y(s) = T(s)R(s)$ と表されるので，相補感度関数の感度特性を調べる．プラント特性が $P(s)$ から $\tilde{P}(s)$ に変動するとき，相補感度関数は次式のように $T(s)$ から $\tilde{T}(s)$ に変動する．

$$T(s) = \frac{P(s)K(s)}{1+P(s)K(s)} \to \tilde{T}(s) = \frac{\tilde{P}(s)K(s)}{1+\tilde{P}(s)K(s)} \tag{12.5}$$

このとき，次の関係式が導かれる．

$$\frac{\tilde{T}(s) - T(s)}{T(s)} = \frac{1}{1 + \tilde{P}(s)K(s)} \frac{\tilde{P}(s) - P(s)}{P(s)} \tag{12.6}$$

変動後の感度関数は $\tilde{S}(s) = 1/\{1 + \tilde{P}(s)K(s)\}$ であるので，上式は各周波数で

$$\text{フィードバック制御系の変動率} = |\tilde{S}(j\omega)| \times \text{制御対象の変動率} \tag{12.7}$$

の関係を意味する．これより，$|\tilde{S}(j\omega)|$ が 1 より小さく，また，より小さいほどフィードバック制御系の変動率が小さくなる．よって，周波数帯域 Ω_f でフィードバック制御により低感度特性が改善される．

12.1.3 目標値応答の評価

目標値応答は $Y(s) = T(s)R(s)$ であるので，ステップ目標値応答が T_d [s] のむだ時間の後に立ち上がるとし，$T(s)$ は

$$T(s) = \frac{\omega_n^2}{s^2 + 2\zeta\omega_n s + \omega_n^2} e^{-sT_d} \tag{12.8}$$

で近似してもよかろう．このとき，$|e^{-j\omega T_d}| = 1$ であるので $|T(j\omega)|$ は標準 2 次遅れ系のゲイン特性に等しい．これより，ピークゲイン M_P は過渡応答の振動性を表し，ω_p は立ち上がりの速さを表す．ただし，T_d は $|T(j\omega)|$ に影響しないので $|T(j\omega)|$ からはむだ時間による応答の遅れは読み取れない点は注意されたい．演習問題 12.3 で述べているように，感度関数の Ω_f にはむだ時間が影響する．

12.1.4 安定余裕の評価

図 11.21 のように

$$|1 + P(j\omega)K(j\omega)| > \eta, \quad \omega \in [0, \infty) \tag{12.9}$$

が満たされるとき，安定余裕は η 以上である．この式は感度関数を用いると

$$|S(j\omega)| < \frac{1}{\eta}, \quad \omega \in [0, \infty) \tag{12.10}$$

と表せる．よって，**最大感度** M_S (maximum sensitivity) を

$$M_S = \max_{\omega} |S(j\omega)| \tag{12.11}$$

で定義すると，安定余裕 η は M_S の逆数で与えられるので，最大感度が小さいほど安定余裕が大きいといえる．η の望ましい経験値は $\eta > 0.5$ であったので望ましい最大感度は $M_S < 2$ となる．

12.1.5 ロバスト安定余裕の評価

11.3.3項で述べたロバスト安定条件を適用する.制御対象 $\tilde{P}(s)$ とモデル $P(s)$ の不安定極数が同じで,$P(s)$ と $K(s)$ からなるフィードバック制御系は安定とする.また,乗法的モデル誤差の大きさが次式で見積もれるとする.

$$\frac{|\tilde{P}(j\omega) - P(j\omega)|}{|P(j\omega)|} \leq |W_m(j\omega)|, \ \omega \in [0, \ \infty) \tag{12.12}$$

以上の条件下で,

$$|T(j\omega)| < \frac{1}{|W_m(j\omega)|}, \ \omega \in [0, \ \infty) \tag{12.13}$$

ならば $\tilde{P}(s)$ と $K(s)$ からなるフィードバック制御系はロバスト安定であることが保証される.

12.2　評価法のまとめ

前節の結果に基づき,感度関数と相補感度関数を用いた制御性能の評価法を整理しておく.図12.2に感度関数のゲイン線図を示す.この図より以下に示す制御系の特性を読み取ることができる.

1) 定常偏差:$|S(0)|$ はステップ目標値に対する定常偏差の大きさを表す. $|S(0)| = 0 = -\infty$ dB のとき定常偏差がゼロとなる.
2) 制御有効周波数帯域:$|S(j\omega)| < 1 = 0$ dB を満たす周波数帯域を $\Omega_f = [0, \ \omega_f]$ で表す.Ω_f はフィードバック制御が有効に働く周波数帯域である. $|S(j\omega)|$ が小さいほど,その周波数においてパラメータ変動に対する目標値追従特性,低感度特性,外乱抑制が改善される.

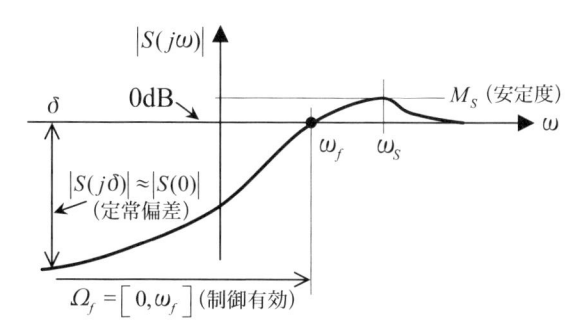

図 **12.2**　感度関数による制御性能評価

3) **安定余裕**：最大感度 M_S は安定余裕を示し，最大感度が小さいほど安定余裕が大きい．$S(\infty) = 1$ なので最大感度は常に 1 以上になるが，M_S は $2 = 6$ dB 以下が望ましい．

図 12.3 に相補感度関数のゲイン線図を示す．この図より以下に示す制御系の特性を読み取ることができる．

1) **ロバスト安定制約**：制御対象が $\tilde{P}(s) = P(s)\{1 + \Delta_m(s)\}$ で表され，乗法的モデル誤差の大きさが $|\Delta_m(j\omega)| \leq |W_m(j\omega)|,\ \omega \in [0,\ \infty)$ で評価されるとする．このとき，図の $1/|W_m(j\omega)|$ を境界とする斜線部よりも $|T(j\omega)|$ が下にあれば，フィードバック制御系はロバスト安定である．
2) **目標値応答の評価**：ピークゲイン M_p が小さいほど目標値応答が非振動的で，**共振角周波数**（resonant frequency）ω_p や**帯域幅** ω_b が大きいほど目標値応答の立ち上がりが速くなる．帯域幅は，$|T(0)|$ より 3 dB 小さいゲインを与える周波数であり，$T(s)$ が 1 次遅れ系のとき折点周波数に相当する．

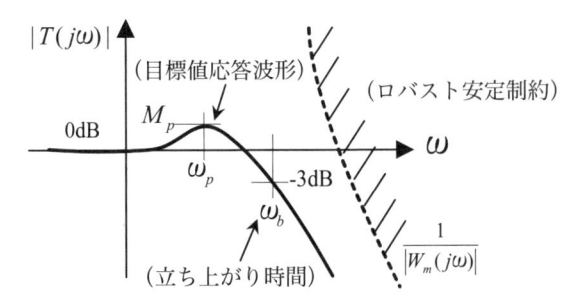

図 **12.3** 相補感度関数による制御性能の評価

例 **12.1**

$$P(s) = \frac{1}{s+1},\ K(s) = a \tag{12.14}$$

のフィードバック制御系に対して，$a = 1, 5, 10$ に対する $S(s)$ と $T(s)$ のゲイン線図を描き，制御性能を評価せよ．

解) ゲイン特性は図 12.4 のようになる．実線が感度関数のゲイン特性で破線が相補感度関数のゲイン特性を表す．$|S(0)|$ がゼロでないので定常偏差が生じる．a を大きくすると $|S(0)|$ や低周波数で $|S(j\omega)|$ が小さくなるので，フィードバック制

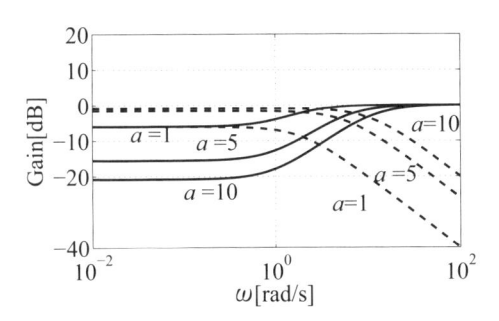

図 12.4 S と T のゲイン線図：$L(s) = a/(s+1)$

御がより有効に働く．中間周波数では M_s が 0 dB のままで大きくならないため，a を大きくしても安定余裕が十分にあることが分かる．a を大きくすると相補感度関数の周波数帯域が増加し，しかも，高域周波数でのゲインの勾配が -20 dB/dec と緩やかなために，高周波数域でのモデル誤差の影響を受けやすい．

例 12.2

$$P(s) = \frac{1}{s+1}, \ K(s) = \frac{a}{s} \tag{12.15}$$

のフィードバック制御系に対して，$a = 1, 5, 10$ に対する $S(s)$ と $T(s)$ のゲイン線図を描き，制御性能を評価せよ．

解） ゲイン特性は図 12.5 のようになる．実線が感度関数のゲイン特性で破線が相補感度関数のゲイン特性を表す．$|S(0)|$ が $-\infty$ dB であるので定常偏差がゼロである．a を大きくすると ω_f も大きくなるので，制御有効周波数帯域が広がる．a を大きくすると，中間周波数では M_s が大きくなるので，安定余裕が減少し振

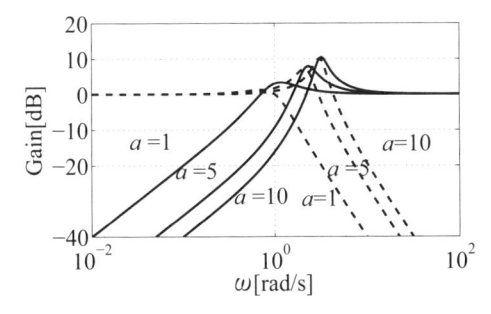

図 12.5 S と T のゲイン線図：$L(s) = a/\{s(s+1)\}$

動的となり，M_S を 6 dB 以下にするには a を 4 以上に大きくできない．a を大きくすると相補感度関数の周波数帯域が広がるが，高域周波数でゲインの勾配が -40 dB/dec と急であるので，高周波数域でのモデル誤差の影響は例 12.1 の場合に比べて受けにくい．

12.3 古典制御の一巡伝達関数による評価

古典制御の設計指針では，感度関数ではなくて，一巡伝達関数 $L(s) = P(s)K(s)$ を用いている．これは図 12.6 で表され，以下のように説明される．

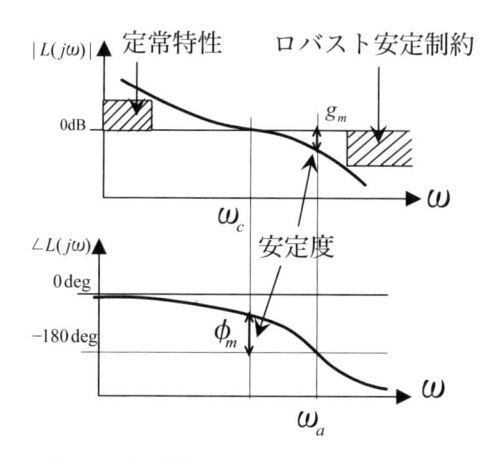

図 12.6 古典制御の一巡伝達関数による設計指針

1) 定常偏差を小さくし外乱を抑制するために，低域周波数で一巡伝達関数のゲイン $|L(j\omega)|$ を大きくする．
2) 過渡応答が振動的でなく良好であるのために中域周波数では適度なゲイン余裕 g_m と位相余裕 ϕ_m を確保し，過渡応答を速くするためにゲイン交差角周波数 ω_c を大きくする．
3) 高域周波数では制御対象の特性は不確かなので，フィードバック制御が働かないように一巡伝達関数のゲインを速く減衰させる．

これを感度関数と相補感度関数の設計仕様から説明しよう．12.2 節より，望ま

しい感度・相補感度の特性は，適当な関数 $\alpha(\omega) > 0$ と $\beta(\omega) > 0$ を用いて

$$|S(j\omega)| < \alpha(\omega), \quad \omega \in [0, \infty) \tag{12.16}$$

$$|T(j\omega)| < \beta(\omega), \quad \omega \in [0, \infty) \tag{12.17}$$

で表される．これを図 12.7 に示す．ここに，$\alpha(\omega)$ は低域周波数で小さく，中間周波数では最大感度が 2 以下になるように設定し，$\beta(\omega)$ はモデル誤差の大きさから高周波数でなるべく速く減少するように設定する．

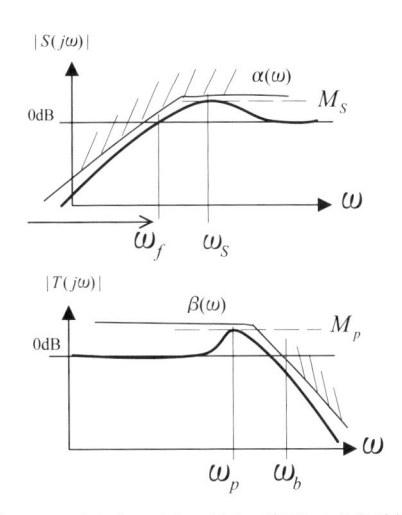

図 12.7 $S(s)$ と $T(s)$ のゲイン線図による設計仕様

つぎの 3 つの周波数帯域に分けて，この制約から図 12.6 の一巡伝達関数の仕様を導く．
1) 低域：フィードバック制御が有効に働く帯域，$\Omega_f = [0, \omega_f]$
2) 中域：安定余裕が問題になる帯域，$|L(j\omega)| < 1$ や $|S(j\omega)| > 1$
3) 高域：モデル誤差が問題となる帯域，$|T(j\omega)| < 1/\sqrt{2}$

まず，低域では，

$$|S(j\omega)| < \alpha(j\omega) \ll 1 \tag{12.18}$$

が望ましいので，これより $L(s) = 1/S(s) - 1 \approx 1/S(s)$ と近似でき

$$|L(j\omega)| > \frac{1}{\alpha(j\omega)} \tag{12.19}$$

を得る．中域では，$|S(j\omega)| < \eta \approx 2$ が望ましいので

$$|1 + L(j\omega)| > \frac{1}{\eta} \tag{12.20}$$

である．この安定余裕の確保はゲイン余裕 g_m や位相余裕 ϕ_m の確保で達成される．また，ω_p と ω_c は近い値なので，ω_c を大きくすることで目標値応答を速くできる．高域では

$$|T(j\omega)| < \beta(j\omega) \ll 1 \tag{12.21}$$

が望ましいので，$L(s) = T(s)/\{1 - T(s)\} \approx T(s)$ と近似でき，

$$|L(j\omega)| < \beta(j\omega) \tag{12.22}$$

を得る．

以上より，図 12.8 に示す一巡伝達関数 $L(s) = P(s)K(s)$ に関する仕様を得る．この図は図 12.6 の古典制御の設計指針に比べより定量的な指針になっている．

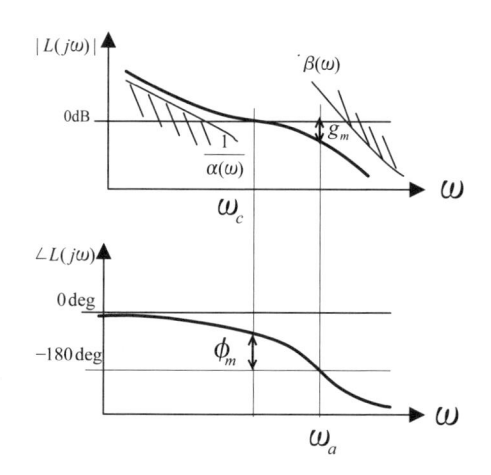

図 12.8　$L(s) = P(s)K(s)$ のボード線図による設計仕様

12.4　標準 2 次遅れ系による制御特性の評価指標

標準 2 次遅れ系に対して得られた制御性能の評価指標は，高次の制御対象の制御系の解析や設計の参考になる．この節では相補感度関数が次式の場合について

評価指標を与える．

$$T(s) = \frac{\omega_n^2}{s^2 + 2\zeta\omega_n s + \omega_n^2} \quad (12.23)$$

1) 目標値応答の閉ループ伝達関数は相補感度関数であるので，8.1 節で既に述べたが，図 12.9 に示すステップ目標値応答の評価指標は次式で与えられる．過渡応答が適度に減衰するためには，ステップ応答から $\zeta = 0.6$ から 0.8 程度が望ましい．

$$O_s = e^{-\pi\zeta/\sqrt{1-\zeta^2}}, \quad T_p = \frac{\pi}{\omega_n\sqrt{1-\zeta^2}}, \quad 0 < \zeta < 1 \quad (12.24)$$

$$T_r \approx \frac{1 + 1.15\zeta + 1.4\zeta^2}{\omega_n} \quad (12.25)$$

$$T_d \approx \frac{1 + 0.6\zeta + 0.15\zeta^2}{\omega_n} \quad (12.26)$$

$$T_s \approx \frac{3}{\zeta\omega_n} \quad (12.27)$$

2) 感度関数は

$$S(s) = 1 - T(s) = \frac{s^2 + 2\zeta\omega_n s}{s^2 + 2\zeta\omega_n s + \omega_n^2} \quad (12.28)$$

である．感度関数のゲイン線図を図 12.10 に示す．制御有効周波数帯域 $\Omega_f = [0, \omega_f]$，最大感度を与える角周波数 ω_S と最大感度 M_S は次式で与えられる．

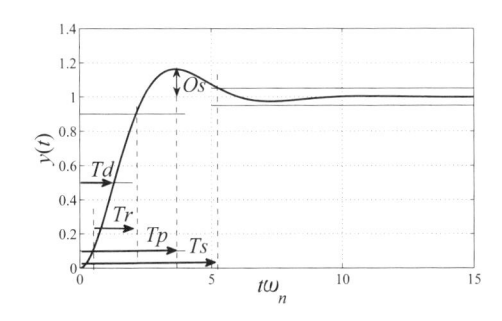

図 **12.9** ステップ応答

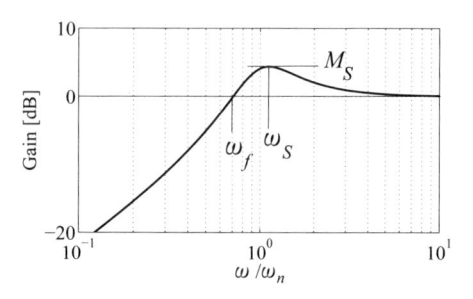

図 12.10 感度関数のゲイン特性

$$\omega_f = \frac{\omega_n}{\sqrt{2}} \tag{12.29}$$

$$\omega_S = \omega_n \sqrt{\frac{1+\sqrt{1+8\zeta^2}}{2}} \tag{12.30}$$

$$M_S = \sqrt{\frac{\sqrt{1+8\zeta^2}+1+4\zeta^2}{\sqrt{1+8\zeta^2}-1+4\zeta^2}} \tag{12.31}$$

3) 相補感度関数のゲイン線図を図 12.11 に示す．帯域幅 $[0, \omega_b]$，共振角周波数 ω_p とピークゲイン M_p は次式で与えられる．

$$\omega_b = \omega_n \sqrt{1-2\zeta^2+\sqrt{(1-2\zeta^2)^2+1}} \tag{12.32}$$

$$\omega_p = \omega_n \sqrt{1-2\zeta^2} \tag{12.33}$$

$$M_p = \frac{1}{2\zeta\sqrt{1-\zeta^2}}, \quad 0 < \zeta < \frac{1}{\sqrt{2}} \tag{12.34}$$

4) 一巡伝達関数は

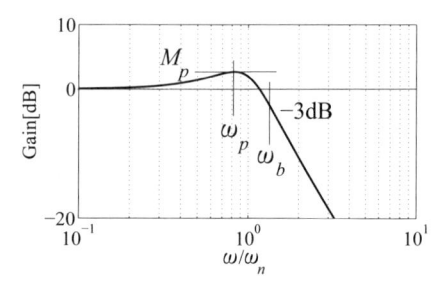

図 12.11 相補感度関数のゲイン特性

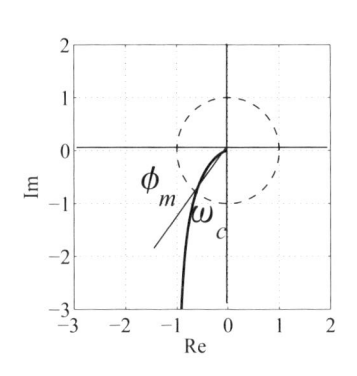

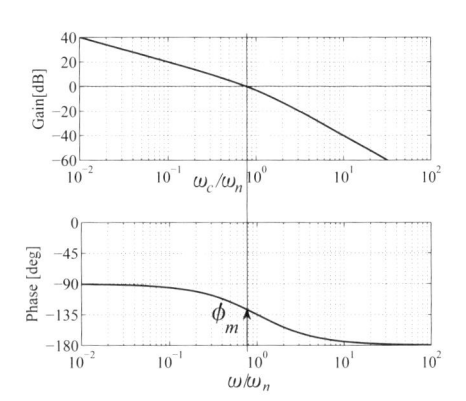

図 12.12 ベクトル軌跡と位相余裕   図 12.13 一巡伝達関数のボード線図と位相余裕

$$P(s)K(s) = \frac{T(s)}{1-T(s)} = \frac{\omega_n^2}{(s+2\zeta\omega_n)s} \tag{12.35}$$

であり，$P(s)K(s)$ は 1 型である．ベクトル軌跡を図 12.12 に示し，ボード線図を図 12.13 に示す．ゲイン余裕は無限大であるが，位相余裕は次式で与えられる．

$$\omega_c = \omega_n\sqrt{\sqrt{4\zeta^4+1}-2\zeta^2} \tag{12.36}$$

$$\phi_m = \tan^{-1}\left(2\zeta\sqrt{\sqrt{4\zeta^4+1}+2\zeta^2}\right) \tag{12.37}$$

演 習 問 題

12.1
$$L(s) = \frac{0.3981(1+3.02s)}{s(s+1)^3(1+0.518s)}$$

に対して，感度関数と相補感度関数のゲイン特性を図 12.14 に示す．図 12.2 と図 12.3 の特性値を図より読み取れ．

12.2 9.2 節の根軌跡で用いた数値例のプラント $P(s)$ を以下に示す．感度関数 $S(s) = 1/\{1+aP(s)\}$ と相補感度関数 $T(s) = 1 - S(s)$ のゲイン特性をコンピュータで描き，ゲイン調整 a の効果を調べよ．

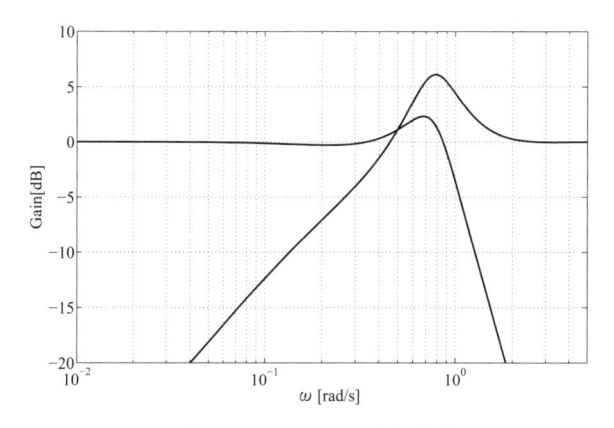

図 12.14 S と T のゲイン線図

$$P(s) = \frac{s+2}{(s+1)(s+3)(s+4)(s+5)}, \quad a = 50, 100, 150$$

$$P(s) = \frac{s+2}{(s+1)(s+3)s}, \quad a = 1, 2, 4$$

$$P(s) = \frac{1}{(s-1)(s-3)}, \quad a = 5, 10, 20$$

12.3 制御対象にむだ時間 T_d [s] があるとき，目標値応答は T_d [s] ほど遅れて立ち上がる．そこで，ステップ目標値 $r(t) = 1$ に対する理想的応答は $y(t) = u(t - T_d)$ と考えられる．ここに，$u(t)$ は単位ステップ関数を表している．この理想制御系の伝達特性は $Y(s) = e^{-T_d s} R(s)$ であるので，相補感度関数は $T(s) = e^{-T_d s}$ である．以下の問いに答えよ．

(1) $T(s)$ と $S(s)$ のゲイン線図を $T_d = 1$ に対して描け．

(2) 制御有効周波数帯域の周波数は $\omega_f \approx 1/T_d$ であることを説明せよ．これはむだ時間が大きいほど制御有効周波数が小さくなることを表している．

Chapter 13

周波数応答に基づくフィードバック制御器の設計

制御系の周波数特性が望ましい特性になるように制御器を設計する方法をループ整形法（loop shaping method）という．一巡伝達関数の周波数特性を望ましい特性に整形する方法と感度関数や相補感度関数のゲイン特性を望ましい特性に整形する2つの方法がある．古典制御による位相進み・位相遅れ補償器の設計法は前者の方法に基づいており，ロバスト PID 制御器のパラメータ平面設計法は後者に基づいている．本章では，最初に古典制御の設計法と設計例を述べ，つぎにパラメータ平面設計法による設計と設計例を述べる．

13.1 古典制御の位相進み・位相遅れ補償器の設計

13.1.1 設計法

位相進み・位相遅れ補償器の伝達関数は

$$K(s) = K_P \left(\frac{1+sT_2}{1+sT_1} \right) \left(\frac{T_3}{T_4} \frac{1+sT_4}{1+sT_3} \right) \tag{13.1}$$

で与えられる．$0 < T_1 < T_2$，$0 < T_4 < T_3$ であり，右辺の3項の機能は，それぞれ，ゲイン補償，位相進み補償，位相遅れ補償といわれる．図 12.6 の設計指針に従い，上記のパラメータ K_P, T_1, T_2, T_3, T_4 を決定する．簡単なゲイン補償から初めて，必要であれば位相進み補償や位相遅れ補償を追加することにより，補償器を設計する．

ゲイン補償は，一巡伝達関数を定数倍することで位相余裕を調整するのに用いる．これにより，望ましい安定度と過渡応答が得られる．$L(s)$ のボード線図に比べて $K_P L(s)$ のボード線図は，位相特性が変わらずに，ゲイン特性が $20\log_{10} K_P [\mathrm{dB}]$ ほど垂直方向に平行移動する．これにより，図 13.1 のようにゲイン交差角周波数

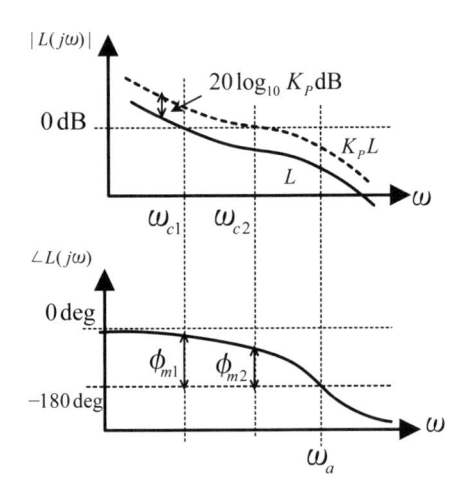

図 13.1 ゲイン補償の効果

が ω_{c1} から ω_{c2} に移動し，それに伴い，位相余裕が ϕ_{m1} から ϕ_{m2} に調整される．

位相進み補償は，一巡伝達関数の位相を進めることでゲイン交差角周波数 ω_c を大きくするのに用いる．これにより速応性が改善される．位相進み補償器の伝達関数は

$$K_1(s) = \frac{1+sT_2}{1+sT_1}, \quad 0 < T_1 < T_2 \tag{13.2}$$

で表され，ボード線図の折れ線近似を図 13.2 に示す．$\omega = \omega_{\max}$ で位相進みが最大となり，高周波数でゲインが増大する．$\omega_{\max}$ と $\phi_{\max}$ は次式で与えられる．

$$\omega_{\max} = \frac{1}{\sqrt{T_1 T_2}}, \quad \phi_{\max} = \sin^{-1}\frac{T_2 - T_1}{T_2 + T_1} \tag{13.3}$$

これを T_1 と T_2 について解けば，

$$T_1 = \frac{1}{\omega_{\max}}\sqrt{\frac{1-\sin\phi_{\max}}{1+\sin\phi_{\max}}}, \quad T_2 = \frac{1}{\omega_{\max}}\sqrt{\frac{1+\sin\phi_{\max}}{1-\sin\phi_{\max}}} \tag{13.4}$$

を得る．この式により，望ましい $\omega_{\max}$, $\phi_{\max}$ ($0 < \phi_{\max} < \pi/2\,\mathrm{rad}$) を与える T_1 と T_2 が得られる．

$L(s)$ に $K_1(s)$ を乗ずると，位相が $\omega_{\max}$ 付近で最大 $\phi_{\max}$ ほど進み，ゲインは高域周波数で大きくなる．$K_1(s)$ を乗ずることで ω_c から ω_a の付近の周波数で位相を進めると，図 13.3 のように，実線の $L(s)$ のボード線図が破線の $K_1(s)L(s)$

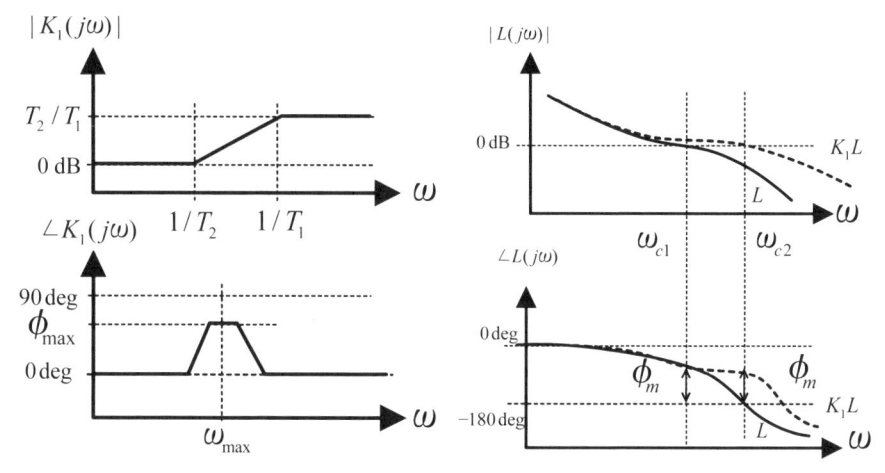

13.1 古典制御の位相進み・位相遅れ補償器の設計

図 13.2 位相進み補償器のボード線図

図 13.3 位相進み補償の効果

のボード線図に変化する．さらに，ω_{c2} で一巡伝達関数のゲインが $1 = 0$ dB になるようにゲイン調整を行うことにより，望ましい位相余裕 ϕ_m を与えるゲイン交差角周波数を ω_{c1} から ω_{c2} に大きくすることができる．

位相遅れ補償は，ゲイン交差角周波数 ω_c 以上の周波数特性をなるべく変えずに，一巡伝達関数のゲインを低域周波数で大きくするのに用いる．これにより，定常偏差を小さくできる．位相遅れ補償の伝達関数は

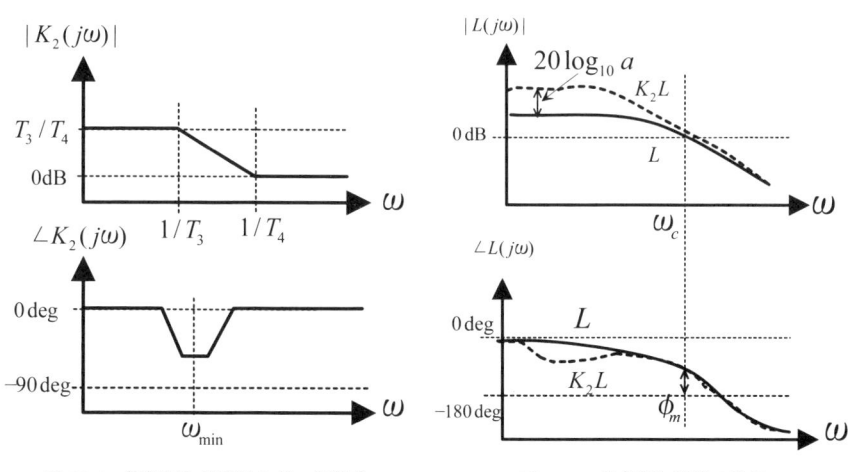

図 13.4 位相遅れ補償器のボード線図

図 13.5 位相遅れ補償の効果

$$K_2(s) = \frac{T_3}{T_4}\frac{1+sT_4}{1+sT_3} \quad 0 < T_4 < T_3 \tag{13.5}$$

で与えられ，ボード線図の折れ線近似を図 13.4 に示す．定常偏差をゼロにするには積分制御を用い，これは (13.5) 式では T_3 を無限大とした場合である．

$L(s)$ に $K_2(s)$ を乗ずると，$1/T_4$ 以下の周波数でゲインが最大 $a = T_3/T_4$ 倍される．ただし，位相が $\omega_{\min} = 1/\sqrt{T_3 T_4}$ 付近で遅れるので，位相余裕が減少しないように注意して設計する．$L(s)$ のボード線図が図 13.5 の実線で与えられるとき，ω_c 以上の周波数でほとんど位相を遅らせないで，低域周波数でゲインを a 倍にする $K_2(s)$ を用いることにより，破線のように位相余裕への影響は抑えて低域のゲインを大きくできる．

13.1.2 設 計 例

設計例 1 制御対象

$$P(s) = \frac{1}{s^2(s+1)} \tag{13.6}$$

に対し，フィードバック制御系が以下の仕様を満たす制御器 $K(s)$ を設計しよう．
1) 位相余裕を 45 deg 以上にする．
2) ゲイン交差角周波数 ω_c をなるべく大きくする．

ステップ 1) $P(s)$ のボード線図を描くと，図 13.6 の実線のグラフが得られる．位相線図より位相が -180 deg 以上遅れている．位相進み補償では位相を最大 90 deg ほど進めることができるので，ここでは位相を 60 deg ほど進めることにする．位相余裕を 45 deg とするには，位相線図で位相が -195 deg の周波数が 0.3 rad/s であるので，この周波数で位相を 60 deg ほど進める補償器を与え，$\omega_c = 0.3$ rad/s となるようにゲイン調整を行う．

ステップ 2) $\omega_{\max} = 0.3$ rad/s で $\phi_{\max} = 60$ deg となる位相進み要素は，(13.4) 式より

$$K_1(s) = \frac{1+12.44s}{1+0.8932s} \tag{13.7}$$

である．これを挿入した一巡伝達関数のボード線図を図 13.6 の破線のグラフで示す．0.3 rad/s で位相が 60 deg ほど進んでいることが確認できる．破線のゲイン特性から，この周波数でゲインが 32 dB であるので，ゲイン調整により 32 dB ほど下げることで，一巡ループのゲインを 0 dB にする．よって，調整ゲイン値は

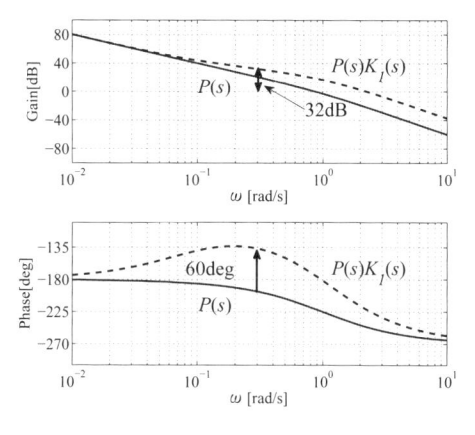

図 13.6 ボード線図

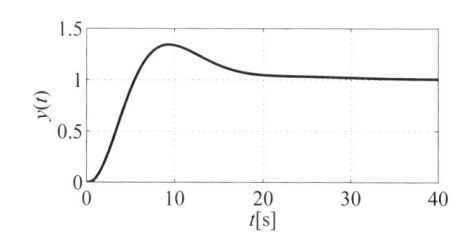

図 13.7 ステップ目標値応答

$K_P = 10^{-32/20} = 0.0251$ となるので，最終的に $K(s) = 0.0251 K_1(s)$ が得られた．このフィードバック制御系の目標値応答を図 13.7 に示す．

設計例 2 制御対象

$$P(s) = \frac{1}{(s+2)(s+1)} \tag{13.8}$$

に対し，フィードバック制御系が以下の仕様を満たす制御器 $K(s)$ を設計しよう．

1) 位相余裕を 45 deg 以上にする．
2) ゲイン交差角周波数 ω_c をなるべく大きくする．
3) 定常速度偏差を 0.3 以下にする．

ステップ 1) 定常速度偏差を有界にするには，一巡伝達関数が 1 型以上でなければならない．そこで，積分要素を付加した

$$L_1(s) = P(s)\frac{1}{s} = \frac{1}{s(s+2)(s+1)} \tag{13.9}$$

のボード線図を図 13.8 の実線で示す．位相進み要素で位相を 60 deg ほど進めることにする．位相線図より位相が -195 deg である角周波数は 2 rad/s であるので，位相余裕を 45 deg ほど確保するためには，この周波数で位相を 60 deg ほど進める補償器を与え，$\omega_c = 2$ rad/s となるようにゲイン調整を行う．

ステップ 2) $\omega_{\max} = 2$ rad/s で $\phi_{\max} = 60$ deg となる位相進み要素は，(13.4) 式より

$$K_1(s) = \frac{1 + 1.866s}{1 + 0.134s} \tag{13.10}$$

である．これを挿入した一巡伝達関数のボード線図を図 13.8 の破線のグラフで示す．2 rad/s で位相が約 60 deg ほど進んでいることが確認できる．この周波数において破線のゲイン特性より，ゲインが -10 dB であるのでゲイン調整により 10 dB ほど上げる．これにより，$\omega_c = 2$ rad/s に設定できる．これより調整ゲインは $K_P = 10^{10/20} = 3.16$ となり，いままでに得られた補償器は $K(s) = 3.16 K_1(s)/s$ となり，一巡伝達関数は次式で与えられる．

$$L_2(s) = P(s)\frac{3.16}{s}K_1(s) = \frac{1}{(s+2)(s+1)}\frac{3.16(1+1.866s)}{s(1+0.134s)} \tag{13.11}$$

ステップ 3) $K(s) = 3.16 K_1(s)/s$ によるフィードバック制御系の定常速度偏差は，(7.13) 式から

$$e(\infty) = \lim_{s \to 0} \frac{1}{L_2(s)s} = 0.633 \tag{13.12}$$

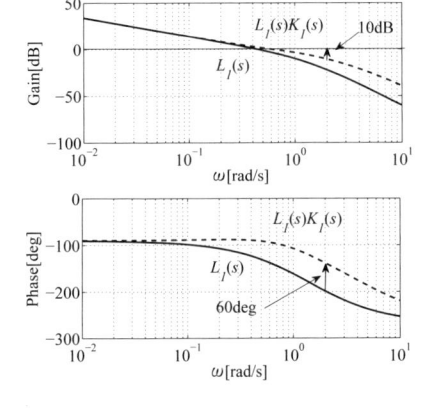

図 13.8　ボード線図

である．定常速度偏差を 0.3 以下にするために，位相遅れ補償器で低域周波数のゲインを 3 倍にする．位相余裕を減らさないようにするために 0.1 rad/s 以下の周波数で補償する．よって，$T_3/T_4 = 3$，$1/T_4 = 0.1$ となり，$T_3 = 30$，$T_4 = 10$ であるので，一巡伝達関数は次式で与えられる．

$$L_3(s) = L_2(s)\frac{3+30s}{1+30s} \tag{13.13}$$

図 13.9 の実線が $L_2(s)$ のボード線図で破線が $L_3(s)$ のボード線図である．ステップ目標値応答を図 13.10 に，ランプ目標値応答を図 13.11 の実線で示す．

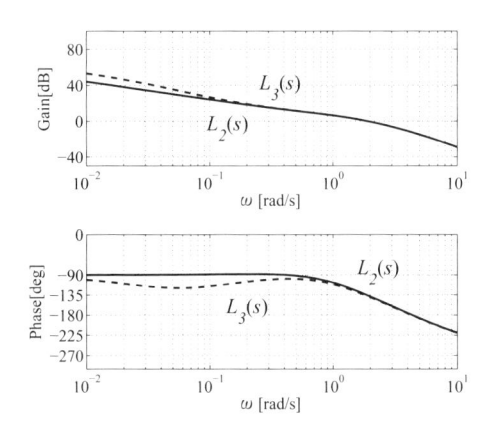

図 13.9 ボード線図

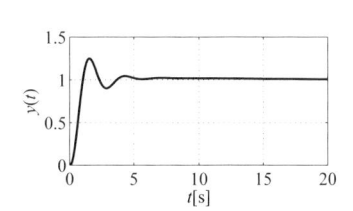

図 13.10 ステップ目標値応答

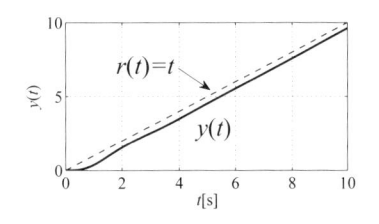

図 13.11 ランプ目標値応答

13.2 パラメータ平面法による PID 制御器の設計

13.2.1 設 計 仕 様

前章より，望ましい感度・相補感度関数の特性は，適当な関数 $\alpha(\omega) > 0$ と $\beta(\omega) > 0$ を用いて次式で表される．

$$|S(j\omega)| < \alpha(\omega), \quad \omega \in [0, \infty) \tag{13.14}$$

$$|T(j\omega)| < \beta(\omega), \quad \omega \in [0, \infty) \tag{13.15}$$

ここに，$\alpha(\omega)$ は低域周波数で小さく，中域周波数では最大感度が 2 以下になるように設定し，$\beta(\omega)$ はモデル誤差の大きさから高域周波数でなるべく速く減少するように設定する．これは図 12.7 で既に与えたが，図 13.12 に再び示しておく．

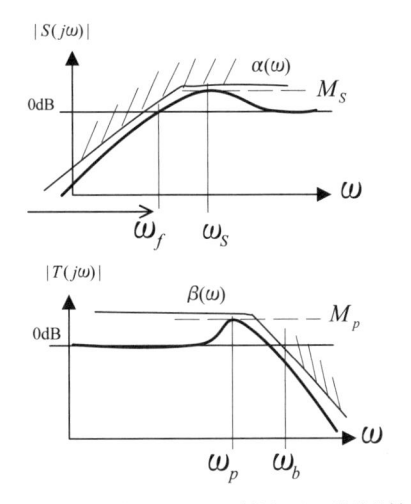

図 **13.12** S と T のゲイン線図による設計仕様

ループ整形での注意点としては，$S(s)$ と $T(s)$ は以下の制約があり，感度関数のゲイン特性は自由に整形できるわけではないことである．実際，どのような $K(s)$ を用いても下記の制約は成り立つので，これらは制御系の性能限界（limit of control performance）を示している（参考文献 14 の 5 章を参照されたい）．

1) $S(s)+T(s)=1$ が成り立つので,感度関数と相補感度関数を同じ角周波数で同時に小さくすることはできない.そこで,感度関数は低周波数で小さく,相補感度関数は高周波数で小さくするように設計される.
2) $P(s)K(s)$ が厳密にプロパーであるので,$S(\infty)=1=0$ dB,$T(\infty)=0=-\infty$ dB である.これより最大感度は 1 以下にできない.
3) $P(s)$ の不安定極 p_i があると $S(p_i)=0$ で $T(p_i)=1$ である.$s=p_i$ に近い周波数で $|T(j\omega)|$ では十分に小さくできない可能性がある.
4) $P(s)$ の不安定零点 z_i があると $T(z_i)=0$ で $S(z_i)=1$ である.$s=z_i$ に近い周波数で $|S(j\omega)|$ を十分に小さくできない可能性がある.
5) $P(s)K(s)$ の分母の次数が分子の次数より 2 次以上高く,不安定極が $p_1, p_2, \cdots, p_M$ とする.このとき,

$$\int_0^\infty \log|S(j\omega)| = \pi \sum_{i=1}^M \mathrm{Re}(p_i) \qquad (13.16)$$

が成り立つ.これより,$P(s)K(s)$ が安定の場合でも

$$\int_0^\infty \log|S(j\omega)| = 0 \qquad (13.17)$$

であるので,感度関数のゲインがある周波数で 1 以下であれば,他の周波数で 1 以上となる.

制約 3 の「$P(s)$ の不安定極 p_i があると,$S(p_i)=0$ で $T(p_i)=1$ である」ことは以下のように説明される.不安定極 p_i を極零点消去するとフィードバック制御系が不安定となるので p_i は消去されない.また,p_i は $S(s)$ の零点であるので,$S(p_i)=0$ が成り立つ.これより $T(p_i)=1-S(p_i)=1$ となる.制約 4 については,8.2 節で同様に説明している.

13.2.2 設 計 法

パラメータ平面法(parameter plane method)による設計では,図 13.12 の感度と相補感度の設計仕様を満たす解集合をパラメータ平面に描くことにより,最適解が得られる.なお,後述の 2 つの設計例について,計算に用いた MATLAB プログラムを付録につけた.

$P(s)$ は虚軸上に極を持たないとする.以下の条件を同時に満たす PID ゲイン

を求める方法を説明する.

1) フィードバック制御系が安定である.
2) $|S(j\omega)| < \alpha(\omega), \quad \omega \in [0, \infty)$
3) $|T(j\omega)| < \beta(\omega), \quad \omega \in [0, \infty)$

これらの条件1)〜3)を満たす **PID** ゲインの集合を,それぞれ,$\mathcal{K}_N, \mathcal{K}_S, \mathcal{K}_T$ で表す.これらの集合が満たすべき条件式を求め,それを用いて領域をパラメータ平面上に描画する.それらの共通集合 $\mathcal{K}_N \cap \mathcal{K}_S \cap \mathcal{K}_T$ が解集合となる.なお,3次元のパラメータ空間の集合は K_I を固定した断面を (K_P, K_D) 平面に描画するか K_D を固定した断面を (K_P, K_I) 平面に描画する.これら2つの平面を切り替えることで3次元空間での集合を扱う.

以下では,

$$K(j\omega) = K_P + j\left(-K_I\frac{1}{\omega} + K_D\omega\right) \tag{13.18}$$

とおき,各集合の計算法を述べる.

1) フィードバック制御系を安定化する **PID** ゲイン集合 $\mathcal{K}_N$ の計算

ナイキストの安定条件から,安定限界では次式が成り立つ.

$$1 + P(j\omega)K(j\omega) = 0 \tag{13.19}$$

この条件より,$\omega \neq 0$ のとき

$$K(j\omega) = -\frac{1}{P(j\omega)} \tag{13.20}$$

であるから,これと (13.18) 式より

$$K_P = -\mathrm{Re}\left\{\frac{1}{P(j\omega)}\right\} \tag{13.21}$$

$$-K_I\frac{1}{\omega} + K_D\omega = -\mathrm{Im}\left\{\frac{1}{P(j\omega)}\right\} \tag{13.22}$$

を得る.(13.22) 式を K_D および K_I について解くことで次式を得る.

$$K_D = \frac{1}{\omega}\left[K_I\frac{1}{\omega} - \mathrm{Im}\left\{\frac{1}{P(j\omega)}\right\}\right] \tag{13.23}$$

$$K_I = \omega\left[K_D\omega + \mathrm{Im}\left\{\frac{1}{P(j\omega)}\right\}\right] \tag{13.24}$$

また，(13.19) 式で $\omega \to 0$ とすることで，$P(0) \neq 0$ を考慮すると PI 制御器や PID 制御器の場合には次式が得られる．

$$K_I = 0 \tag{13.25}$$

PD 制御器の場合には $K_P = 0$ が得られる．これらも領域の境界となる．

(13.21) 式と (13.23) 式を用いて ω を 0 から ∞ まで連続に変えることにより，K_I を固定して (K_P, K_D) 平面に軌跡を描画する．この軌跡は $\mathcal{K}_N$ の境界を含んでおり，これにより平面が複数の領域に分割される．領域内の 1 つの PID ゲインでフィードバック制御系が安定であれば，その領域のすべての要素の PID ゲインでフィードバック制御系が安定である．これにより，$\mathcal{K}_N$ を見つけることができる．また，(13.21) 式と (13.24) 式を用いて，K_D を固定して (K_P, K_I) 平面に軌跡を描画し，さらに，(13.25) 式の線を (K_P, K_I) 平面に描く．同様にして $\mathcal{K}_N$ を見つけることができる．

2) 感度制約を満たす PID ゲイン集合 $\mathcal{K}_S$ の計算

感度関数の制約条件 $|S(j\omega)| < \alpha(\omega)$ から次式が得られる．

$$|1 + L(j\omega)| > \frac{1}{\alpha(\omega)} \tag{13.26}$$

この制約を満たす $L(j\omega)$ の集合は次式でパラメータ η と θ を用いて表される．

$$1 + L(j\omega) = \eta e^{j\theta}, \quad \eta > \frac{1}{\alpha(\omega)}, \quad 0 \leq \theta < 2\pi \tag{13.27}$$

この式から $K(j\omega) = (\eta e^{j\theta} - 1)/P(j\omega)$ が得られ，実部と虚部より

$$K_P = \mathrm{Re}\left\{(\eta e^{j\theta} - 1)\frac{1}{P(j\omega)}\right\} \tag{13.28}$$

$$-K_I \frac{1}{\omega} + K_D \omega = \mathrm{Im}\left\{(\eta e^{j\theta} - 1)\frac{1}{P(j\omega)}\right\} \tag{13.29}$$

を得る．(13.29) 式を K_I および K_D について解くことで，次式を得る．

$$K_D = \frac{1}{\omega}\left[K_I \frac{1}{\omega} + \mathrm{Im}\left\{(\eta e^{j\theta} - 1)\frac{1}{P(j\omega)}\right\}\right] \tag{13.30}$$

$$K_I = \omega\left[K_D \omega - \mathrm{Im}\left\{(\eta e^{j\theta} - 1)\frac{1}{P(j\omega)}\right\}\right] \tag{13.31}$$

(13.28) 式と (13.30) 式が K_I を固定した場合の (K_P, K_D) 平面上の許容集

合を表している．この式には，ω, θ, η のパラメータが含まれている．ω を固定し $\eta = 1/\alpha(\omega)$ に設定して，θ を 0 から 2π まで変えて (13.28) 式と (13.30) 式により描いた軌跡は楕円となる．各 ω で楕円の内部は許容領域でない．ω を 0 から ∞ まで連続に変えるとき，そのような楕円がパラメータ平面上を移動する．よって，この楕円の移動で描かれる帯上の領域の外部が許容集合になる．

この帯状の領域を描くもう 1 つの方法は，$\eta = 1/\alpha(\omega)$ に固定し θ を 0 から 2π までの複数のサンプル点 θ_i, $i = 1, 2, \cdots, n_\theta$ に対して，ω を 0 から ∞ まで連続に変え (K_P, K_D) 平面に軌跡を描画する方法である．これにより n_θ 本の軌跡が描かれ，その帯状領域の外部が許容領域となる．こちらを採用する．

(K_P, K_I) の場合も同様であり，(13.28) 式と (13.31) 式を用いて，K_D を固定して (K_P, K_I) 平面に帯状領域を描画する．この場合には安定制約 (13.25) 式も同時に描画する．

3) 相補感度制約を満たす PID ゲイン集合 $\mathcal{K}_T$ の計算

相補感度関数の制約条件 $|T(j\omega)| < \beta(\omega)$ から，

$$\left| \frac{L(j\omega)}{1 + L(j\omega)} \right| < \beta(\omega) \tag{13.32}$$

この制約を満たす $L(j\omega)$ の集合は次式でパラメータ η と θ を用いて表される．

$$\frac{L(j\omega)}{1 + L(j\omega)} = \eta e^{-j\theta}, \quad 0 \leq \eta < \beta(\omega), \quad 0 \leq \theta < 2\pi \tag{13.33}$$

この式から $K(j\omega) = \eta/\{(e^{j\theta} - \eta)P(j\omega)\}$ が得られ，実部と虚部より

$$K_P = \mathrm{Re}\left\{ \frac{\eta}{e^{j\theta} - \eta} \frac{1}{P(j\omega)} \right\} \tag{13.34}$$

$$-K_I \frac{1}{\omega} + K_D \omega = \mathrm{Im}\left\{ \frac{\eta}{e^{j\theta} - \eta} \frac{1}{P(j\omega)} \right\} \tag{13.35}$$

を得る．(13.35) 式を K_I および K_D について解くことで，次式を得る．

$$K_D = \frac{1}{\omega}\left[K_I \frac{1}{\omega} + \mathrm{Im}\left\{ \frac{\eta}{e^{j\theta} - \eta} \frac{1}{P(j\omega)} \right\} \right] \tag{13.36}$$

$$K_I = \omega\left[K_D - \mathrm{Im}\left\{ \frac{\eta}{e^{j\theta} - \eta} \frac{1}{P(j\omega)} \right\} \right] \tag{13.37}$$

(13.34) 式と (13.36) 式が K_I を固定した場合の (K_P, K_D) 平面上の許容集合を表す．この式には，ω, θ, η のパラメータが含まれている．ω を固定し $\eta = \beta(\omega)$

13.2 パラメータ平面法による PID 制御器の設計

の場合に,θ を 0 から 2π まで変えて描くと軌跡は楕円となり,$\beta(\omega) > 1$ ならば楕円の内部が許容領域でなく,$\beta(\omega) < 1$ ならば楕円の外部は許容領域でない.ω を 0 から ∞ まで連続に変えるとき,楕円がパラメータ平面上で帯領域を形成する.

感度関数の場合には常に楕円の内部が非許容領域なので帯状領域を描いたが,相補感度関数の場合の非許容領域は楕円の内部と外部が混在するので,各周波数で楕円を描くことにする.すなわち,$\eta = \beta(\omega)$ に固定し,各サンプル周波数 ω に対して,θ を 0 から 2π まで連続に変えて (K_P, K_D) 平面に軌跡を描画する.これにより各 ω で楕円が描かれ,$\beta(\omega) > 1$ ならば楕円の内部は許容領域でなく,$\beta(\omega) < 1$ ならば楕円の外部は許容領域でない.また,(13.34) 式と (13.37) 式を用いて,K_D を固定して (K_P, K_I) 平面に領域を描画する.

【設計法】

設計のための $\alpha(\omega)$ と $\beta(\omega)$ の選定と 2 つの設計法を説明する.

$\beta(\omega)$ は乗法的モデル誤差の大きさが分かる場合には

$$\beta(\omega) = \frac{1}{|W_m(j\omega)|}, \quad 0 \leq \omega < \infty \tag{13.38}$$

と選ぶ.モデル誤差が分からない場合には後述の (13.45) 式のように,たとえば相補感度関数の帯域幅を制約する条件を用いる.

つぎに $\alpha(\omega)$ の設定と調整パラメータを説明する.準備として,積分ゲインと制御有効周波数の関係を述べる.$K_I \neq 0$ の場合には,低周波数において

$$|S(j\omega)| \approx \frac{\omega}{|P(0)K_I|} \tag{13.39}$$

であり,制御有効周波数帯域を表す ω_f は $|S(j\omega)| = 1 = 0\,\mathrm{dB}$ を満たすので,これらの 2 つの条件を同時に満たす点として,ω_f の推定値が次式で与えられる.

$$\omega_f \approx |P(0)K_I| \tag{13.40}$$

すなわち,図 13.13 で,(13.39) 式の直線近似が破線であり,この線と 0 dB の線との交点で推定値が与えられる.

ステップ外乱 $D(s) = 1/s$ に対する応答 $y(t)$ の時間積分は最終値定理より次式で与えられる.

$$\int_0^\infty y(\tau)d\tau = \lim_{s\to 0} s\left\{\frac{P(s)}{1+P(s)K(s)}\frac{1}{s^2}\right\} = \frac{1}{K_I} \tag{13.41}$$

これらの性質は以下のようにまとめられる.

- 積分ゲイン K_I を最大化することにより,制御有効周波数 ω_f は近似的に最大化され,ステップ外乱に対する応答の積分値は最小化される.

これに基づいて,つぎの2つの設計法が考えられる.

設計法 1) 図 13.13 に示すように,最大感度を制約するために $\alpha(\omega) = 1.2 \sim 2$ に設定し,制御有効帯域を最大にするために K_I を小さい値から増大させる.(K_P, K_D) 平面に許容領域 $\mathcal{K}_N, \mathcal{K}_S, \mathcal{K}_T$ を描画し,それらの共通部分が消滅するところで最適値が得られる.

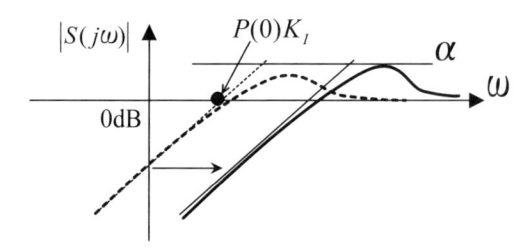

図 13.13 感度関数の整形

この方法では $\alpha(\omega)$ は周波数に依存しない簡単なものであった.つぎの方法では $\alpha(\omega)$ に周波数に依存する関数を用いる.

設計法 2) 感度関数のゲイン特性を整形するために,図 13.14 に示す折れ線近似で表される重み関数 $\alpha(\omega)$ を用いる.$\alpha(0) = A$, $\alpha(\infty) = M$ を満たす $\alpha(\omega)$ は次式で与えられる.

$$\alpha(\omega) = \left|\frac{M(s+pA)}{s+Mp}\right|_{s=j\omega} \tag{13.42}$$

たとえば,M は最大感度制約から $M = 1.2 \sim 2$ に,A は $A = 0.1$ 程度に選ぶとよいであろう.

p を大きくすると $\alpha(\omega)$ のグラフは右に平行移動し,ω_f も大きくなる.特に,$MA = 1$ の場合には $\alpha(p) = 1 = 0$ dB となるので,感度関数 $S(j\omega)$ のゲイン特性は p に近い周波数で 0 dB を横切ると考えられ,$\omega_f \approx p$ である.

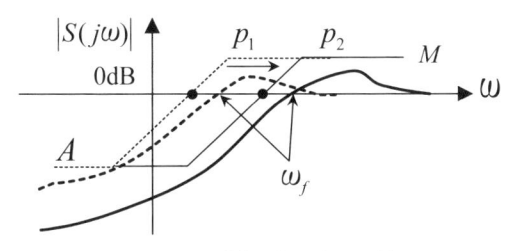

図 13.14 感度関数の重みの選定

PI 制御器の場合には，(K_P, K_I) 平面での許容領域を描画し，それが消滅するところで最適値が得られる．PID 制御器の場合には K_D を固定して (K_P, K_I) 平面での許容領域を描画し，それが消滅するところで K_I を求める．つぎに K_I を固定して (K_P, K_D) 平面での許容領域を描画し，それが消滅するところで，K_D を求める．この 2 平面の描画を 2,3 回程度繰り返すことで解が得られる．

制御対象が安定な場合には，十分に小さい K_I と十分に小さい p に対して，$|S(j\omega)| < M_S$ や $|T(j\omega)| < 1/|W_m(j\omega)|$ が満たされる．よって，安定な制御対象では十分に小さい値から始めて許容集合が消滅するまで大きくすればよい．

一方，制御対象が不安定な場合には，そもそも $|S(j\omega)| < M_S$ や $|T(j\omega)| < 1/|W_m(j\omega)|$ を満たす解が存在する保証はない．K_I や p を小さく選んでも許容集合が存在しない場合もあり，その場合にはまず安定化 PD ゲインを見つけ，それに対して $S(j\omega)$ と $T(j\omega)$ のゲイン図を描き，すべての周波数で $|S(j\omega)| < \gamma M_S$ や $|T(j\omega)| < \gamma/|W_m(j\omega)|$ を満たす γ を求める．その後，許容領域を描きながら γ を徐々に小さくする．

13.2.3 設　計　例

例 13.1 制御対象が

$$P(s) = \frac{12s + 8}{20s^4 + 113s^3 + 147s^2 + 62s + 8} e^{-s} \tag{13.43}$$

で，制約条件が

$$\alpha(\omega) = 1.6 \tag{13.44}$$

$$\beta(\omega) = 9 = 19\,\mathrm{dB}\,(\omega < 10), \quad 0.1 = -20\,\mathrm{dB}\,(10 \leq \omega) \tag{13.45}$$

とする．K_I を最大にする PID 制御器を設計法 1 により求めよ．

解） 許容領域を (K_P, K_D) 平面に描画する．K_I を 0.1 の小さい値から大きくす

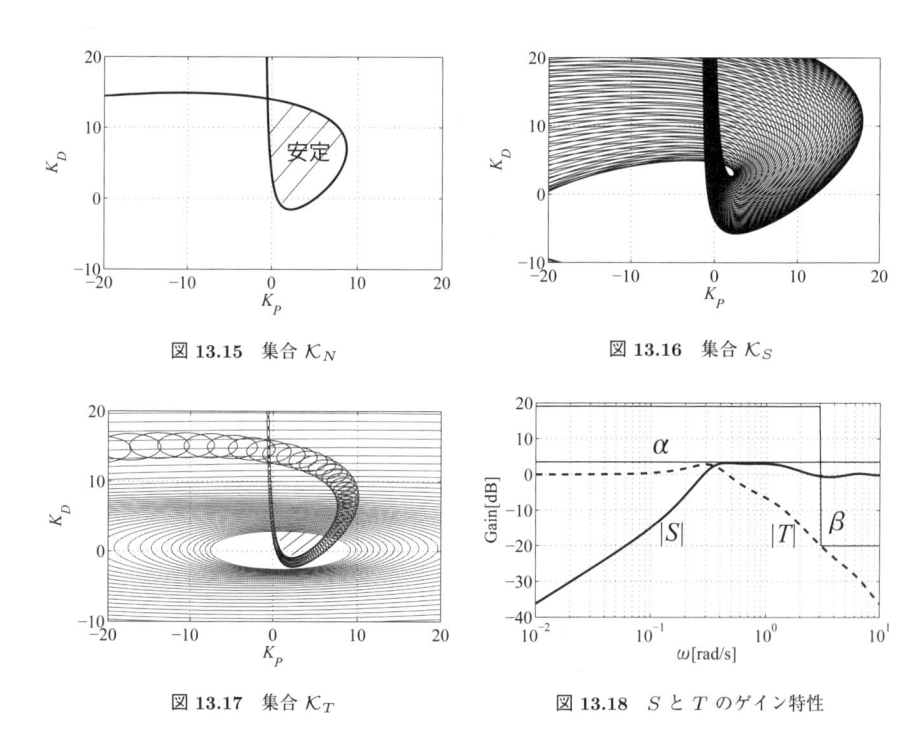

図 13.15 集合 $\mathcal{K}_N$

図 13.16 集合 $\mathcal{K}_S$

図 13.17 集合 $\mathcal{K}_T$

図 13.18 S と T のゲイン特性

ると，$K_I = 0.65$ のとき許容領域の共通部分がほぼ消滅した．集合 $\mathcal{K}_N, \mathcal{K}_S, \mathcal{K}_T$ の $K_I = 0.65$ における断面図を，それぞれ，図 13.15，図 13.16，図 13.17 に示す．図 13.15 では，図中に「安定」と記した領域が安定ゲインの存在領域である．この安定領域を考慮すると，図 13.16 の中央の小さい領域が感度制約を満たす領域になる．同様にこの安定領域を考慮すると，図 13.17 の中央の斜線部で示す領域が相補感度制約を満たす解領域である．

これらの許容集合を同時に満たす点として，$K_P = 2$ と $K_D = 2.8$ が得られた．よって，このときの最適解は

$$K(s) = 2 + \frac{0.65}{s} + \frac{2.8s}{1 + 0.01s} \tag{13.46}$$

となる．この制御器による感度・相補感度関数のゲイン特性と制約 $\alpha(\omega)$，$\beta(\omega)$ を図 13.18 に示す．制約条件が満たされている．

例 13.2 制御対象が運転状態により以下の 3 つのモデルで表されるとき，ロバス

トな低感度特性が得られるように PI 制御器を設計法 2 で設計せよ．

$$P_1(s) = \frac{12s+8}{20s^4+113s^3+146s^2+62s+8}e^{-0.2s} \tag{13.47}$$

$$P_2(s) = \frac{7s+8}{20s^4+113s^3+130s^2+62s+6}e^{-0.3s} \tag{13.48}$$

$$P_3(s) = \frac{10s+8}{10s^4+113s^3+146s^2+55s+10}e^{-0.1s} \tag{13.49}$$

ただし，感度関数のゲイン制約を次式で与え p を最大化せよ（MATLAB プログラムでは，相補感度制約はなしの代わりに $\beta(\omega) = 10$ として緩い制約を与えている）．

$$\alpha(\omega) = \left|\frac{M(s+pA)}{s+Mp}\right|_{s=j\omega}, \quad M = 1.7,\ A = 0.1 \tag{13.50}$$

解）ノミナルモデルを与えて乗法的モデル誤差の大きさ $W_m(j\omega)$ を求めて設計する方法が標準的であるが，ここでは，より保守性の低い設計として，モデル誤差を評価せずに，3 つのモデルに対して同時にロバストとなる PI 制御器を設計する．

p を与えて 3 のモデルに対して許容集合を $(K_P,\ K_I)$ 平面に描画する．これらの共通領域が解集合であり，p を大きくすると共通領域が消滅し，消滅直前の PI ゲインが最適ゲインとなる．$p = 0.20$ で共通領域が点 $(K_P, K_I) = (1.8,\ 0.21)$ 付近で消滅し，最適 PI 制御器が

$$K(s) = 1.8 + \frac{0.21}{s} \tag{13.51}$$

となった．このときの各許容集合を図 13.19，図 13.20，および図 13.21 に示す．最適点を丸印で表している．また，この最適な PI 制御器に対する感度関数のゲイン特性を図 13.22 に表す．すべての制御対象が感度制約を満たしている．

演 習 問 題

13.1 制御対象が $P(s) = \dfrac{1-s}{(s+1)s}$ とする．フィードバック制御系の位相余裕を 45 deg とする比例ゲイン K を求めよ．

13.2 制御対象が $P(s) = \dfrac{1}{(s+1)(s+5)s}$ で，比例ゲインが $K = 2$ とする．$P(s)K$ のボード線図が図 13.23 で与えられる．この図を用いて位相余裕を 45 deg にする定数ゲイン K を求めよ．

図 13.19 P_1 に対する集合 $\mathcal{K}_S, p = 0.20$

図 13.20 P_2 に対する集合 $\mathcal{K}_S, p = 0.20$

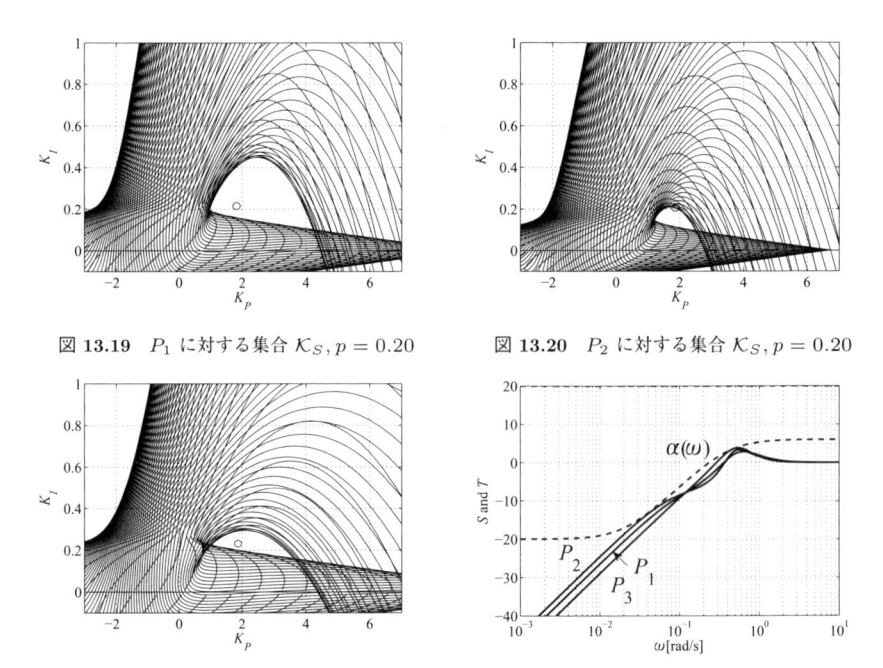

図 13.21 P_3 に対する集合 $\mathcal{K}_S, p = 0.20$

図 13.22 S のゲイン図, $K(s) = 1.8 + 0.21/s$

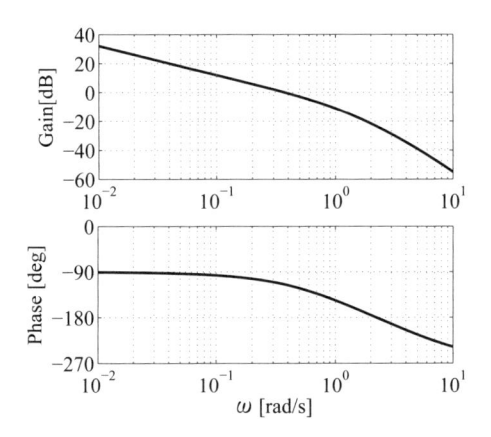

図 13.23 PK のボード線図 $(K = 2)$

Appendix A

演習問題解答

1 章

1.1 制御目標は，車のスピードを目標値に保ち，車が道路からはみ出ないように走行することである．制御入力は操舵角およびアクセルとブレーキであり，制御量は車の位置と速度，および運動方向である．アクチュエータは人間の腕も含む操舵系およびエンジンとブレーキからタイヤまでの駆動系である．運転者は車と道路の偏差を認識してハンドルとアクセルを調整する．このためセンサは人間の視覚や体感速度などである．不確かな要因としては，外乱として道路の勾配やコースの変化，制御対象の特性としてアクセルや操舵に対する車の応答特性や路面の状態が挙げられる．視覚による距離測定は正確ではないので，その誤差は測定雑音となる．

1.2 省略．

1.3 フィードバック制御は，不確かな要因により事前情報だけでは所望の性能が出せない場合に有用である．結果を見て操作入力を操作するため，フィードバックに時間がかかり過ぎると効果がない．

2 章

2.1 (1) Re $z_1 = 1$, Im $z_1 = 1$, $\bar{z}_1 = 1 - j$, (2) $z_1 + z_2 = 3$, $z_1 - z_2 = -1 + 2j$, $z_1 z_2 = 3 + j$, $z_1/z_2 = 0.2 + 0.6j$, (3) $|z_1| = \sqrt{2}$, $|z_2| = \sqrt{5}$, $\angle z_1 = \pi/4$, $\angle z_2 = -\tan^{-1}(1/2) = -0.4636$ rad, (4) $z_1 = \sqrt{2}e^{(\pi/4)j}$, $z_2 = \sqrt{5}e^{-0.4636j}$, $z_1/z_2 = 0.6325e^{1.249j}$, $z_1^{10} = 32e^{2.5\pi j}$.

2.2 (1) $X(s) = 7/(s+2)$, (2) $X(s) = (1 - e^{-s})/s^2$.

2.3 $\tilde{t} = at$ とおく．
$$\mathcal{L}[x(at)] = \int_0^\infty x(at)e^{-st}dt = \int_0^\infty x(\tilde{t})e^{-\frac{s}{a}\tilde{t}}\frac{1}{a}d\tilde{t} = \frac{1}{a}X\left(\frac{s}{a}\right)$$

2.4 (1) $X(s) = \dfrac{1}{s+1} + \dfrac{1}{s} + \dfrac{10}{s^2 + 100} + \dfrac{s}{s^2 + 100} = \dfrac{3s^3 + 12s^2 + 210s + 100}{s^4 + s^3 + 100s^2 + 100s}$

(2) $X(s) = 1 + \dfrac{1}{s^2} + \dfrac{10}{(s+2)^2 + 100} = \dfrac{s^4 + 4s^3 + 115s^2 + 4s + 104}{s^4 + 4s^3 + 104s^2}$

(3) $X(s) = \dfrac{s^2+2}{(s^2+s+1)(s^2+4)} = \dfrac{s^2+2}{s^4+s^3+5s^2+4s+4}$

2.5 (1) $x(t) = 1 - 2e^{-t} + e^{-2t}$, (2) $x(t) = 4te^{-t} + e^{-2t}$,
(3) $x(t) = (1/10)e^{-2t} + (1/30)e^{-t}\sin 3t - (1/10)e^{-t}\cos 3t$.

2.6 (1) $x(t) = 2 - e^{-t}$, (2) $x(t) = -(5/9)e^{-3t} + 2e^{-t} + (1/3)t - 4/9$.

3 章

3.1 $G(s) = \dfrac{s+1}{s^3+3s^2+3s}$

3.2 $\dfrac{d^2x}{dt^2} + 4\dfrac{dx}{dt} + 3x = \dfrac{du}{dt} + 2u$

3.3 $U(s) = \dfrac{10}{s^2+100}$ より, $Y(s) = \dfrac{(s+2)10}{(s+1)(s+5)^2(s^2+100)}$ なので, モードは e^{-t}, e^{-5t}, te^{-5t}, $\sin 10t$, $\cos 10t$ である.

3.4 $U(s) = \dfrac{1}{s+1} + \dfrac{2}{s}$, $Y(s) = -\dfrac{2}{s+2} + \dfrac{1}{s+1} + \dfrac{1}{s}$ より, $G(s) = \dfrac{Y(s)}{U(s)} = \dfrac{1}{s+2}$.

3.5 $G(s) = \dfrac{3}{1+0.5s}$ より, 時定数 $T = 0.5$, ゲイン定数 $K = 3$ である. 応答は図 3.5 を参考に描く.

3.6 固有角周波数 $\omega_n = 3$, 減衰係数 $\zeta = 1/6$ である. 応答は図 3.7 を参考に描く.

3.7 定常値 $y(\infty) = 1.6$ と単位ステップ入力 $u(t) = 1$ よりゲイン定数 $K = 1.6$. 定常値の $63.2\% = 1.011$ に達する時間 2.5 s より, 時定数 $T = 2.5$ である. よって, $G(s) = 1.6/(1+2.5s)$.

3.8 $y(\infty) = 1$, $y(t)$ のピーク値 $y_p = 1.14$ でピーク値を与える時間 $t_p = 4.5$ s である. 図 3.7 の点 A_1 の式より,

$$y_p = 1 + e^{-\gamma_0 \pi} = 1 + \exp\left(-\dfrac{\zeta\pi}{\sqrt{1-\zeta^2}}\right), \quad t_p = \dfrac{\pi}{\omega_0} = \dfrac{\pi}{\omega_n\sqrt{1-\zeta^2}}$$

これを解いて, $\zeta = 0.5305$, $\omega_n = 0.8236$ となり, $G(s) = 0.6783/(s^2+0.8738s+0.6783)$ である.

3.9 図 3.8 を参考にして, $G(s)$ の応答の時間軸を 2 倍にする.

3.10 $sY(s) = G(s)$ であるので, $G(s)$ の極の実部が負であることが定常値が存在する条件である. よって, $a > 0$ のとき定常値が存在し, 最終値定理より $y(\infty) = G(0) = bc/(2a)$ である. 初期値定理より初期値は $y(0) = G(\infty) = 0$. また, $\mathcal{L}(dy/dt) = sY(s) - y(0)$ に初期値定理を適用し, $dy(0)/dt = \lim_{t\to\infty} sG(s) = c$ である.

4 章

4.1 運動方程式は

$$M_2 \dfrac{d^2x_2}{dt^2} = u + K_2(x_1 - x_2) + D_2 \dfrac{d}{dt}(x_1 - x_2)$$

$$M_1 \dfrac{d^2x_1}{dt^2} = -K_2(x_1 - x_2) - D_2 \dfrac{d}{dt}(x_1 - x_2) - K_1 x_1 - D_1 \dfrac{d}{dt}x_1$$

である．ラプラス変換し $X_2(s)$ を消去し，整理すると $X_1(s) = \dfrac{D_2 s + K_2}{a(s)} U(s)$ を得る．ここに $a(s) = M_1 M_2 s^4 + \{M_1 D_2 + M_2(D_1 + D_2)\}s^3 + \{M_2(K_1 + K_2) + K_2 M_1 + D_1 D_2\}s^2 + (D_2 K_1 + K_2 D_1)s + K_1 K_2$.

4.2 $Y(s) = \dfrac{R_2}{R_1 + R_2} \dfrac{1 + s R_1 C}{1 + s R_1 R_2 C/(R_1 + R_2)} U(s)$ より，$T_1 = R_1 R_2 C/(R_1 + R_2)$, $T_2 = R_1 C$ である．

4.3 $Y(s) = \dfrac{1 + s R_2 C}{1 + s C(R_1 + R_2)} U(s)$ より，$T_3 = C(R_1 + R_2)$, $T_4 = R_2 C$ である．

5 章

5.1 (1) システムは $Y = P(D+U)$, $U = FR + K(P_m FR - Y)$ で表される．信号は Y, D, U, R であり，伝達関数は P, K, P_m, F である．R と D から Y への特性を求めるには，U を消去して，$Y = \dfrac{P}{1+PK} D + \dfrac{PF(1+P_m K)}{1+PK} R$ を得る．よって，$G_{yd} = \dfrac{P}{1+PK}$, $G_{yr} = \dfrac{PF(1+P_m K)}{1+PK}$ である．

(2) ブロック線図の等価変換で求める．R から Y への伝達特性の計算では $D=0$ とする．図 A.1 のように変換できる．さらに，図 A.2 が得られる．よって，$G_{yr} = \dfrac{PF(1+P_m K)}{1+PK}$ である．

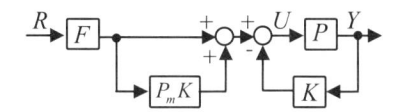

図 **A.1** ブロック線図の等価変換 1

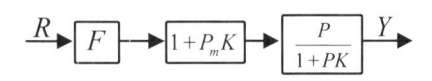

図 **A.2** ブロック線図の等価変換 2

つぎに，D から Y への伝達特性の計算では $R=0$ とする．F や P_m の出力がゼロであるので計算には無関係である．よって，ただちに，$G_{yd} = P/(1+PK)$ を得る．

5.2 $Y = \dfrac{PK}{1+PK} R = \dfrac{2}{(s^2+4s+5)s} = \dfrac{0.4}{s} - \dfrac{0.8}{(s+2)^2+1} - \dfrac{0.4(s+2)}{(s+2)^2+1}$ より，$y(t) = 0.4 - 0.8 e^{-2t} \sin t - 0.4 e^{-2t} \cos t$ である．

$$U = \dfrac{K}{1+PK} R = \dfrac{(s+1)}{(s^2+4s+5)s} = \dfrac{0.2}{s} + \dfrac{0.6}{(s+2)^2+1} - \dfrac{0.2(s+2)}{(s+2)^2+1}$$

より，$y(t) = 0.2 + 0.6 e^{-2t} \sin t - 0.2 e^{-2t} \cos t$ である．

5.3 各式をラプラス変換し，プロパーな伝達関数を用いて表すと，システムは $\Theta = \dfrac{1}{s}\Omega$, $\Omega = \dfrac{1}{1+2s}U$, $U = -K_1 \Omega + K_2(R - \Theta)$ で表される．このブロック線図を図 A.3 に示す．閉ループ伝達関数は $\Theta = \dfrac{K_2/2}{s^2 + (K_1+1)s/2 + K_2/2} R$ となり，$K_2 = 2\omega_n^2 = 32$, $K_1 = 4\zeta\omega_n - 1 = 11.8$ である．

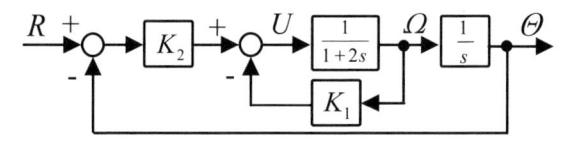

図 **A.3** フィードバック制御系

6 章

6.1 (1) $1 + \dfrac{(s+1)3}{s^2+s+1} = \dfrac{s^2+4s+4}{s^2+s+1} = 0$ より,$s^2+4s+4 = 0, s = -2, -2$ である.

(2) $1+\dfrac{s+1}{s^2+s+1}\dfrac{s+3}{s+1} = \dfrac{(s^2+2s+4)(s+1)}{(s^2+s+1)(s+1)} = 0$ より,$(s^2+2s+4)(s+1) = 0, s = -1\pm\sqrt{3}j, -1$ である.

6.2 このシステムは P と K のフィードバック結合と F および P_m が直列結合しているので,この系が安定であるための必要十分条件はフィードバック系が安定かつ F と P_m が安定であることである.フィードバック系の特性方程式は $s(s+2)+1 = (s+1)^2 = 0$ であるので極が $-1, -1$ なので安定である.また,F と P_m の極は -5 と -1 であるので安定である.以上より,このシステムは安定である.

6.3 (1) $y_1 = -1+2e^{-t}$, $y_2 = 1-e^{-t}$, (2) $y_1 = -1+e^t$, $y_2 = 1-e^{-t}$.

7 章

7.1 $D(s) = \dfrac{0.1}{s} + \dfrac{0.1}{s+2}$ であるので,$Y = \dfrac{P}{1+PK}D = \dfrac{s}{(s+1)^3}\left(\dfrac{0.1}{s}+\dfrac{0.1}{s+2}\right)$.
$sY(s)$ は安定であるので,$y(\infty) = \lim_{s\to 0} sY(s) = 0$.また,$U = -\dfrac{PK}{1+PK}D = -\dfrac{1}{(s+1)^3}\left(\dfrac{0.1}{s}+\dfrac{0.1}{s+2}\right)$ より,$u(\infty) = \lim_{s\to 0} sU(s) = -0.1$.

7.2
$$E(s) = \dfrac{1}{1+P(s)K(s)}R(s) = \dfrac{(s+1)^3 s}{(s+1)^3 s + K_1 s + K_2}\dfrac{1}{s^2}$$

であるので,閉ループ系の安定条件は特性方程式 $(s+1)^3 s + K_1 s + K_2 = 0$ の根の実部を負とすることであり,定常速度偏差の条件は $|K_2| > 1$ である.

8 章

8.1 ステップ応答が $y(t) = K\{1-\exp(-t/T)\}$ であるので,遅れ時間 T_d は $0.5K = K\{1-\exp(-T_d/T)\}$ を満たす.よって,$T_d = -(\ln 0.5)T$.

8.2 $T(s) = \dfrac{2.321(s+0.3311)}{(s+0.255)(s^2+0.4634s+0.5967)(s^2+4.212s+5.051)}$ であるので代表極は $-0.2317\pm 0.7369j$ や -0.255 である.零点 -0.3311 と極 -0.255 が近いので打ち消す可能性がある.そこで,この複素極から得られる 2 次系近似は $T_2(s) = \dfrac{0.5967}{s^2+0.4634s+0.5967}$ で与えられる.図 A.4 のように,破線で示され

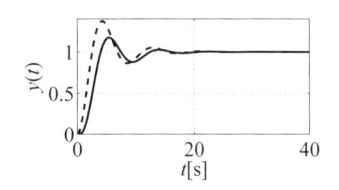

図 **A.4** 目標値応答と近似（破線）

るこの 2 次系近似のステップ応答は実線の真値とかなり近い．

8.3 図 8.7 の実線のグラフより特性値は，$O_s = 0.2$, $T_p = 6$ s, $T_d = 2.5$ s, $T_r = 3.7 - 1.2 = 2.5$ s, $T_s = 8.7$ s である．標準 2 次遅れ系で与えた O_s と T_p の公式 (8.6) より，$\zeta = \dfrac{1}{\sqrt{1 + (\pi/\ln O_s)^2}}$, $\omega_n = \dfrac{\pi}{T_p\sqrt{1-\zeta^2}}$ を用いると，$\zeta = 0.4559$, $\omega_n = 0.5883$ が得られる．よって，伝達関数は $G(s) = \dfrac{0.3461}{s^2 + 0.5364s + 0.3461}$ となる．このステップ応答を図 A.5 の破線で示す．実線は図 8.7 の実線の応答であり，かなりよく近似できていることが分かる．

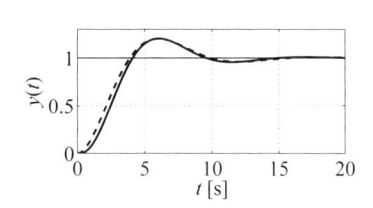

図 **A.5** ステップ目標値応答

9 章

9.1 (1) s^4 の係数が負により不安定である．

(2) 係数がすべて正よりラウス表を調べる．

表の第 1 列 1, 7, b_1, b_3, b_5, b_6 が正であるので安定である．

1	10	5	$b_1 = -(1 \times 10 - 10 \times 7)/7 = 60/7$
7	10	1	$b_2 = -(1 \times 1 - 5 \times 7)/7 = 34/7$
b_1	b_2	0	$b_3 = -(7 \times b_2 - 10 \times b_1)/b_1 = 181/30$
b_3	b_4	0	$b_4 = -(7 \times 0 - 1 \times b_1)/b_1 = 1$
b_5	0	0	$b_5 = -(b_1 \times b_4 - b_2 \times b_3)/b_3 = 4354/1267$
b_6	0	0	$b_6 = -(b_3 \times 0 - b_4 \times b_5)/b_5 = b_4 = 1$

(3) 係数がすべて正よりラウス表を調べる．

b_1 はゼロであるので，b_1 で割り算できない．そこで，$b_1 = \varepsilon > 0$ とおくと，

$b_3 = -(5 - 14\varepsilon)/\varepsilon \approx -5/\varepsilon < 0$ である．よって，第 1 列が正でない要素があるので，不安定である．

$$\begin{array}{ccc} 1 & 14 & 5 \\ 1 & 14 & 0 \\ b_1 & b_2 & 0 \\ b_3 & 0 & 0 \\ b_4 & 0 & 0 \end{array} \quad \left| \begin{array}{l} b_1 = -(1 \times 14 - 1 \times 14)/1 = 0 \\ b_2 = -(1 \times 0 - 5 \times 1)/1 = 5 \\ b_3 = -(1 \times b_2 - 14 \times b_1)/b_1 \\ b_4 = -(b_1 \times 0 - b_2 \times b_3)/b_3 = b_2 \end{array} \right.$$

9.2 $1 + \dfrac{100}{(s+1)(s+2)(s+10)} \dfrac{K_1 s + K_2}{s} = 0$ より，特性方程式は $s^4 + 13s^3 + 32s^2 + (20 + 100K_1)s + 100K_2 = 0$ である．安定条件は $K_1 > -0.2$, $K_2 > 0$, $(3.96 - K_1)(K_1 + 0.2) > 1.69 K_2$ である．図は省略．

9.3 極 $-1, -5, 0$, 零点 -2, 漸近線 $\theta = \pm\pi/2$, $\beta = -2$. 図 A.6.

9.4 特性方程式は $s^3 + 6s^2 + (p+1)s + p = 0$ である．これは $1 + p\dfrac{s+1}{s^3 + 6s^2 + s} = 0$ と書きかえられるので，一巡伝達関数 $L = \dfrac{s+1}{s^3 + 6s^2 + s}$ に根軌跡法を適用すればよい．極 -5.8284, -0.1716, 0, 零点 -1, 漸近線 $\theta = \pm\pi/2$, $\beta = -2.5$. 図 A.7.

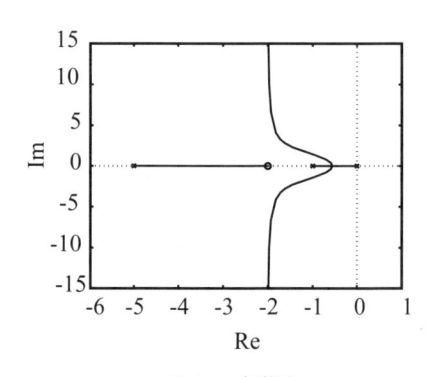

図 A.6 根軌跡

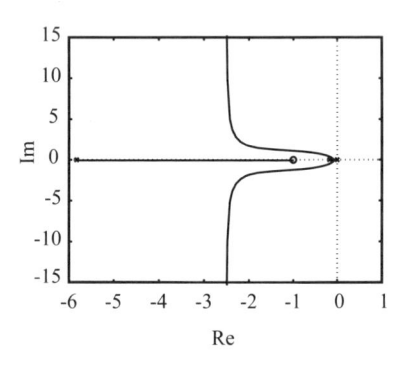

図 A.7 根軌跡

10 章

10.1 $G_2(s) = \dfrac{1}{(s+1)(1+0.1s)}$ であるので，このボード線図の折れ線近似は図 A.8 となる．低周波数から 5 rad/s の帯域でグラフが十分に近い．このため，この区間に周波数成分を持つ入力に対しては，出力の時間応答も類似している．たとえば，ステップ応答は次式で与えられるが，類似している．$y_1(t) = 1 - e^{-t}$, $y_2(t) = 1 - \dfrac{10}{9}e^{-t} + \dfrac{1}{9}e^{-10t}$.

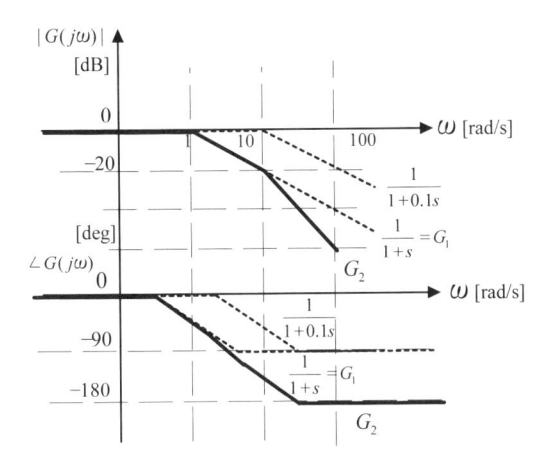

図 A.8 $1/\{(1+s)(1+0.1s)\}$ のボード線図の折れ線近似

10.2 位相進み，位相遅れ要素のボード線図を図 A.9 と図 A.10 に示す．折れ線近似は省略．PI 制御器は $\dfrac{s+1}{s}$ と表せ，PID 制御器は $\dfrac{(s+1)(0.1s+1)}{s}$ と表される．これらのボード線図を図 A.11 と図 A.12 に示す．折れ線近似は省略．

10.3 1 次のパデ近似のゲインと位相は $\left|\dfrac{1-j0.5T_d\omega}{1+j0.5T_d\omega}\right| = \dfrac{\sqrt{1+0.25T_d^2\omega^2}}{\sqrt{1+0.25T_d^2\omega^2}} = 1$, $\angle\left(\dfrac{1-j0.5T_d\omega}{1+j0.5T_d\omega}\right) = -2\tan^{-1}(0.5T_d\omega)$.

10.4 $V(s)$ の満たす条件は，$|V(0)| = -20\,\text{dB} = 0.1$, $|V(\infty)| = 6\,\text{dB} = 2$．また，$\omega = 2\,\text{rad/s}$ で $|V(j\omega)| = 0\,\text{dB} = 1$ である．$V(s) = C(s+B)/(s+A)$ とおくと，$BC/A = 0.1$, $C = 2$, $(4+B^2)C^2 = 4+A^2$ である．これを解くことで，$A = 3.48$, $B = 0.174$, $C = 2$ が得られる．よって，$V(s) = \dfrac{2s+0.348}{s+3.48}$.

11 章

11.1 (1) $P(0) = 5$, $\angle P(\infty) = -270\,\text{deg}$．ベクトル軌跡を図 A.13 に示す．(2) $P(j\omega) = \dfrac{30}{6-6\omega^2+j(11\omega-\omega^3)}$ より，$11\omega-\omega^3 = 0$ の角周波数で虚部がゼロとなる．$\omega = \sqrt{11}$ のとき，$P(j\sqrt{11}) = -0.5$ である．(3) よって，$K_{\max} = 1/0.5 = 2$ である．

11.2 ベクトル軌跡を図 A.14 に示す．$|P(j\omega)K| = 1$ より，ゲイン交差周波数は $\omega_c = 0.5$ である．$0.5P(0.5j) = -0.8-0.6j$ となる．よって，位相余裕は $\phi_m = \tan^{-1}0.75 = 36.9\,\text{deg} = 0.6435\,\text{rad/s}$ である．

11.3 ボード線図を図 A.15 に描く．図中にゲイン余裕と位相余裕を示す．

11.4 ロバスト安定条件は $|T(j\omega)W_m(j\omega,q)| < 1$, $\omega \in R$ であるので，$q = 2.499 = \dfrac{1}{\max_\omega(|T(j\omega)W_m(j\omega,1)|)}$ である．

図 A.9　ボード線図 (位相進み要素)

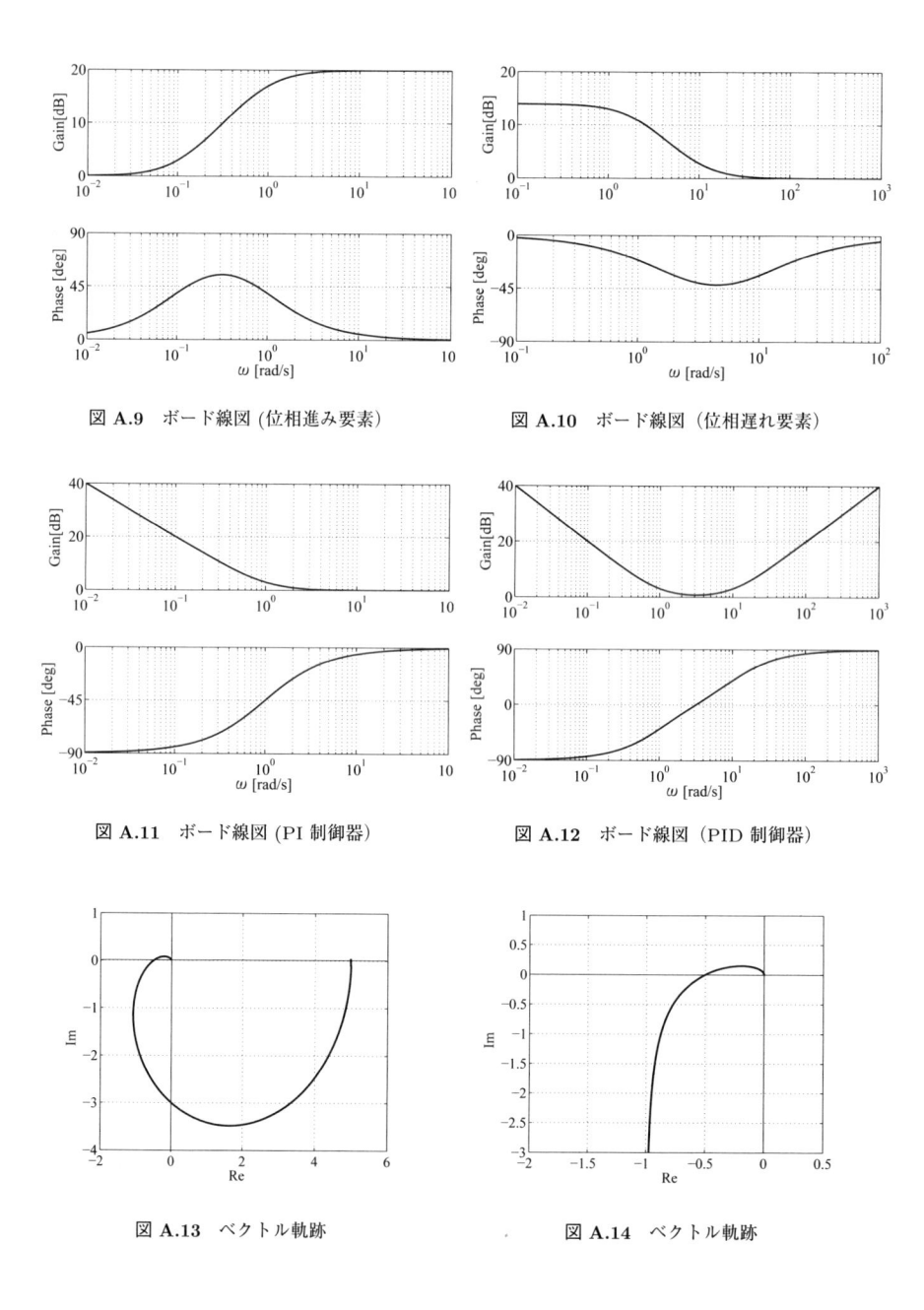

図 A.10　ボード線図 (位相遅れ要素)

図 A.11　ボード線図 (PI 制御器)

図 A.12　ボード線図 (PID 制御器)

図 A.13　ベクトル軌跡

図 A.14　ベクトル軌跡

A. 演習問題解答

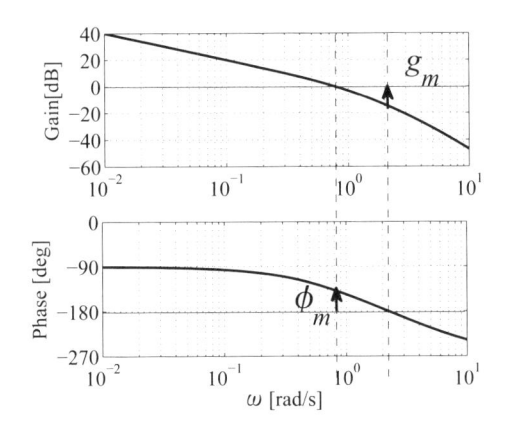

図 A.15 PK のボード線図

12 章

12.1 $S(0) = -\infty$, $M_S = 6.1\,\mathrm{dB} = 2.01$, $\omega_S = 0.77$ rad/s, $\omega_f = 0.45$ rad/s, $M_p = 2.3\,\mathrm{dB} = 1.3$, $\omega_p = 0.68$ rad/s, $\omega_b = 0.96$ rad/s.

12.2 省略.

12.3 $T_d = 1$ の場合の $T(j\omega)$ と $S(j\omega) = 1 - T(j\omega)$ のゲイン特性を図 A.16 に示す. $|T(j\omega)| = 1 = 0$ dB であり, $|S(j\omega)| \leq 2 = 6$ dB である. $S(s) = 1 - e^{-T_d s}$ は小さい s で $S(s) \approx T_d s$ である. $|S(j\omega_f)| = 1$ であるので, $\omega_f \approx 1/T_d$ となる.

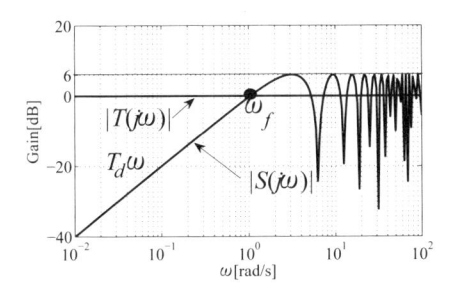

図 A.16 $T(s) = e^{-T_d s}$ と $S(s) = 1 - e^{-T_d s}$ のゲイン線図

13 章

13.1 位相余裕が 45 deg となるとき, $P(j\omega_c) = -a - aj$ かつ $|P(j\omega_c)K| = 1$ である. $P(j\omega) = \dfrac{-2\omega + (\omega^2 - 1)j}{\omega(\omega^2 + 1)}$ より, $\omega = \omega_c$ で実部と虚部が等しいので $-2\omega_c = -1 + \omega_c^2$ である. よって, $\omega_c = -1 + \sqrt{2}$ となる. $|P(j\omega_c)| = 1/\omega_c$ で

あるので，ゲインの条件より，$K = \dfrac{1}{|P(j\omega_c)|} = -1 + \sqrt{2}$ となる．

13.2 位相余裕が 45 deg となるとき，$\angle P(j\omega)K = -135$ deg であり，この角周波数が $\omega_c = 0.75$ rad/s で与えられる．このときのゲインが $|P(j\omega_c)2| = -8$ dB である．$|P(j\omega_c)K| = 0$ dB にするには，現在のゲイン $K = 2$ から 8 dB ほど大きくすればよい．よって，8 dB $= 2.5$ であるので，$K = 2 \times 2.5 = 5$ となる．

Appendix B

パラメータ平面法の数値例 1 と 2 で用いた MATLAB プログラム

(MathWorks Inc. MATLAB R2007b〜R2012b, Control System Toolbox)

```
%　数値例 1 %　KI を与え，(KP,KD) 平面に領域を描画する
%% プラント特性，alpha，beta などの設定
clear all;close all
KI=0.65%積分ゲインの設定
axis_data=[-20 20   -10 20];
s=tf('s');
sysD=s/(1+0.01*s);%近似微分要素
N=300;w=logspace(-2,2,N);%サンプル周波数
M=100;th_vec=linspace(0,2*pi,M);%楕円を描くパラメータ theta
for i=1:N
    alpha(i)=1.5;%重み alpha の設定
    if w(i)<3 beta(i)=9; else beta(i)=0.1; end%重み beta の設定
end
sysP=(12*s+8)/(20*s^4+113*s^3+146*s^2+62*s+8)*exp(-s);%制御対象
[a,b]=nyquist(sysP,w);
Pinv=1/(a+sqrt(-1)*b);% Pinv(s)=1/P(s)
%% 安定領域の表示
figure(1)
for i=1:N
    KP_stb(i)=-real(Pinv(i));
    KD_stb(i)=(1/w(i))*(KI/w(i)-imag(Pinv(i)));
end
plot(KP_stb(:),KD_stb(:))
xlabel('K_P');ylabel('K_I');grid;axis(axis_data)
%% 感度制約を満たす領域の表示 %　|S| < alpha
figure(2)
for k=1:M
    th=th_vec(k);
```

```
    for i=1:N
        ejth=exp(sqrt(-1)*th);
        KP_S(i)=real((-1+ejth/alpha(i))*Pinv(i));
        KD_S(i)=(1/w(i))*(KI/w(i)+imag((-1+ejth/alpha(i))*Pinv(i)));
    end
    plot(KP_S(:),KD_S(:),'r')
    hold on
end
xlabel('K_P');ylabel('K_D');axis(axis_data);grid
%% 相補感度制約を満たす領域の表示 % |T| < beta
figure(3)
for i=1:N
    for k=1:M
        th=th_vec(k);
        ejth=exp(sqrt(-1)*th);
        KP_T(k)=real(beta(i)/(ejth-beta(i))*Pinv(i));
        KD_T(k)=(1/w(i))*(KI/w(i)+imag(beta(i)/(ejth-beta(i))*Pinv(i)));
    end
    if beta(i)>1
        plot(KP_T(:),KD_T(:),'r')
    else
        plot(KP_T(:),KD_T(:),'b')
    end
    hold on
end
xlabel('K_P');ylabel('K_D');grid;axis(axis_data)
%% 設計結果；SとTのゲイン特性の表示
figure(4)
sysK=2+0.65/s+2.8*s/(1+0.01*s);% 上記の設計で得られたPID制御器
sysL=sysP*sysK;%一巡ループ伝達関数
[rL,iL]=nyquist(sysL,w);
for i=1:N
    L=rL(i)+sqrt(-1)*iL(i);
    gS(i)=1/abs(1+L);%感度関数
    gT(i)=abs(L/(1+L));%相補感度関数
end
semilogx(w,20*log10(gS),'k',w,20*log10(gT),'k',...
    w,20*log10(beta),'r--',w,20*log10(alpha),'b--')
axis([0.01,10,-40 20]);
xlabel('\omega[rad/s]');ylabel('S and T');grid;
```

```
% 数値例 2 %   KD を与え，(KP,KI) 平面に領域を描画する
%%% プラントの特性，alpha，beta などの設定
clear all;close all
p=0.20
KD=0 %この例では KD=0 に固定
axis_data=[-3 7   -0.1 1];
s=tf('s');
sysD=s/(1+0.01*s);
nw=400;w=logspace(-3,2,nw);
nth=100;th_vec=linspace(0,2*pi,nth);
M=2;A=0.1;sysalpha=M*(s+p*A)/(s+M*p);%重み関数 alpha(s) の設定
[alpha,temp]=bode(sysalpha,w);
for i=1:nw %重み beta の設定    (数値例 2 では beta=10 により緩い制約)
    if w(i) <10 beta(i)=10; else beta(i)=10; end
end
sysP_vec(1)=(12*s+8)/(20*s^4+113*s^3+146*s^2+62*s+8)*...
    exp(-0.2*s);%プラント P1
sysP_vec(2)=(7*s+8)/(20*s^4+113*s^3+130*s^2+62*s+6)*...
    exp(-0.3*s);%プラント P2
sysP_vec(3)=(10*s+8)/(10*s^4+113*s^3+146*s^2+55*s+10)*...
    exp(-0.1*s);%プラント P3
for sys_no=1:max(size(sysP_vec))
sysP=sysP_vec(sys_no);
[a,b]=nyquist(sysP,w);
Pinv=1/(a+sqrt(-1)*b);
%%   安定領域の表示
figure(1)
for i=1:nw
    KP_stb(i)=-real(Pinv(i));
    KI_stb(i)=w(i)*(KD*w(i)+imag(Pinv(i)));
end
plot(KP_stb(:),KI_stb(:))
hold on
plot(axis_data(1:2),[0,0])
xlabel('K_P');ylabel('K_I');grid;axis(axis_data)
%% 感度制約 % |S| < alpha
figure(2)
for k=1:nth
    th=th_vec(k);
    for i=1:nw
        ejth=exp(sqrt(-1)*th);
```

```
        KP_S(i)=real((-1+ejth/alpha(i))*Pinv(i));
        KI_S(i)=w(i)*(KD-imag((-1+ejth/alpha(i))*Pinv(i)));
    end
    plot(KP_S(:),KI_S(:),'r')
    hold on
end
hold on
plot(axis_data(1:2),[0,0],'k')%KI=0 の直線を描く
xlabel('K_P');ylabel('K_I');grid;axis(axis_data)
%hold off %図を重ねて描かない場合に使用
pause
%% 相補感度制約 % |T| < beta
figure(3)
for i=1:nw
    for k=1:nth
        th=th_vec(k);
        ejth=exp(sqrt(-1)*th);
        KP_T(k)=real(beta(i)/(ejth-beta(i))*Pinv(i));
        KI_T(k)=w(i)*(KD-imag(beta(i)/(ejth-beta(i))*Pinv(i)));
    end
    if beta(i)>1
        plot(KP_T(:),KI_T(:),'r')
    else
        plot(KP_T(:),KI_T(:),'b')
    end
    hold on
end
hold on
plot(axis_data(1:2),[0,0],'k')%KI=0 の直線を描く
xlabel('K_P');ylabel('K_I');grid;axis(axis_data)
%hold off %図を重ねて描かない場合に使用
end
%% 設計結果：SとTのゲイン特性の表示
figure(4)
for sys_no=1:max(size(sysP_vec))
sysP=sysP_vec(sys_no);
sysK=1.8+0.21/s % 設計で得られた PI 制御器
sysL=sysP*sysK;
[rL,iL]=nyquist(sysL,w);
for i=1:nw
    L=rL(i)+sqrt(-1)*iL(i);
```

```
    gS(i)=1/abs(1+L);
    gT(i)=abs(L/(1+L));
end
semilogx(w,20*log10(gS),'k',w,20*log10(gT),'k',...
    w,20*log10(beta),'r--',w,20*log10(alpha),'b--')
hold on
end
axis([0.001,10,-40 20])
xlabel('\omega[rad/s]');ylabel('S and T');grid
```

Appendix C

参 考 文 献

本書の執筆に以下の図書を参考にしました．
1) E. クラツィグ著，阿部寛治訳：フーリエ解析と偏微分方程式，培風館（原書第 8 版）(2009)
2) 片山徹：フィードバック制御の基礎，朝倉書店 (1987, 新版 2002)
3) 小林伸明：基礎制御工学，共立出版 (1988)
4) 須田信英：エース自動制御，朝倉書店 (2000)
5) 荒木光彦：古典制御理論，培風館 (2000)
6) 大日方五郎ほか：制御工学，朝倉書店 (2003)
7) 今井弘之，竹口知男，能勢和夫：制御工学，森北出版 (2000)
8) 森泰親：演習で学ぶ基礎制御工学，森北出版 (2004)
9) 鈴木隆，板宮敬悦：例題で学ぶ自動制御の基礎，森北出版 (2011)
10) G.F. Franklin, JD. Powell, A.Emami-Naeini: Feedback Control of Dynamic Systems 3rd ed., Prentice Hall (1994)
11) R.C. Dorf, R.H. Bishop: Modern Control Systems 7th ed., Addison-Wesley Publishing Company (1995)
12) 須田信英ほか：PID 制御，朝倉書店 (1992)
13) 新中新二：永久磁石同期モータのベクトル制御技術，上巻（7 章），電波新聞社 (2008)
14) S. Skogestad, I. Postlethwaite: Multivariable Feedback Control (Chapter 5), John Wiley & Sons Ltd (2005)
15) K.J.Åström, T. Häggulnd: Advanced PID control (Chapter 6), ISA (2006)

索　引

あ　行

I–P 制御　100
I–PD 制御　101
アクチュエータ　4
アンダーシュート　84
安定　65
安定化 PID ゲインの集合　170
安定限界　129, 170
安定条件　66, 69
安定余裕　139, 152
　　——の評価　150

位相　108
　　——が遅れる　109
　　——が進む　109
位相遅れ補償　163
位相遅れ補償回路　54
位相遅れ補償器　53
位相交差角周波数　130, 134
位相進み補償回路　54
位相進み補償　162
位相進み補償器　53
位相線図　112
位相余裕　135
　　ゲイン余裕と——の表　139
1 次遅れ要素　44, 47, 113, 117
1 次遅れむだ時間系　115
1 自由度制御系　104
一巡伝達関数　57, 148
位置偏差定数　75
因果性　41

インパルス応答　34
インパルス関数　15

オイラーの公式　10
オーバーシュート　82
遅れ時間　83
折れ線近似　118

か　行

外乱　4
外乱応答　7, 62
角速度の制御　100
角度の制御　101
重ね合わせの原理　30, 61
加速度偏差定数　78
過渡応答　82
加法的モデル誤差　141
感度関数　148
感度制約を満たす PID ゲインの集合　171

機械システム　44
規範モデル　36
既約　66
逆応答　84
逆ラプラス変換　13
共振角周波数　119, 152
共役複素数　9
極　32
　　虚軸上の——　132
　　フィードバック系の——　68
極形式　10
極配置　86

極零点消去　69
　　不安定な——　70
虚部　9
近似微分　51

加え合わせ点　55

係数比較　23
ゲイン　108
ゲイン位相線図　113
ゲイン交差角周波数　130, 135
ゲイン線図　112
ゲイン定数　36
ゲイン補償　161
ゲイン余裕　134
　　——と位相余裕の表　139
減衰係数　37
厳密にプロパー　33

コイル　47
高次系　115, 120
古典制御　8
　　——の設計指針　154
　　——の設計例　164
固有角周波数　37
根軌跡　94
　　——の性質　95
根軌跡法　93
コンデンサ　47

さ　行

サーボ機構　5
サーボモータ　49
最終値定理　20, 73
最小位相系　84
最大感度　150
三角関数　17

CHR法　52
シーケンス制御　5
時間応答　111
指数関数　16
システムの型　74

実部　9
時定数　36
自動制御　1
時変系　30
周波数応答　108
周波数応答実験　109
周波数特性　108
手動制御　1
乗法的モデル誤差　142
初期値　29
初期値定理　19

推移定理　19
スケール変換　40, 121
ステップ応答　34
ステップ外乱　79
ステップ関数　14

制御器　4
　　——の伝達関数　50
制御系の性能限界　168
制御工学の歴史　8
制御性能の評価　152
制御対象　4
　　——の伝達関数　43
制御目標　3
制御有効周波数帯域　151
制御量　3
整定時間　83
静的システム　3
積分ゲインの最大化　173
積分時間　51
積分制御　52
積分特性を有する2次遅れ系　114
積分要素　19, 44, 47, 113, 117
絶対値　10
折点周波数　118
線形近似　45
センサ　4

操作量　3
相対次数　115, 120
相補感度関数　144, 148
相補感度制約を満たすPIDゲインの集合　172

測定雑音　4
速度偏差定数　77

た　行

帯域幅　118, 152
対数目盛　116
代表極　86
ダイポール　88
たたみ込み積分　20, 40
立ち上がり時間　83
単位インパルス関数　15
単位ステップ関数　15
単一フィードバック系　57

直列結合　56
直列補償　100
直結フィードバック系　57

追従制御　5

低域通過フィルタ　118
低感度特性の評価　149
定常位置偏差　74
定常応答　108
定常速度偏差　77
定常値のロバスト性　75
定常特性　73
定常偏差　74, 151
定常偏差の評価　149
定数係数線形常微分方程式　29
定数ゲイン　113, 116
定値制御　5
デカード　116
デシベル　116
テスト信号　34, 73
電気回路　46
伝達関数　32
　不安定な——　67

動的システム　3
特性多項式　68
特性方程式　68

な　行

ナイキスト軌跡　127
ナイキストの安定条件　145, 170
ナイキストの安定判別法　127, 128
内部安定　71
内部モデル原理　78, 80

2次遅れ要素　46, 48, 114, 119
2自由度制御系　2, 104

ネガティブフィードバック　2, 57

ノミナルモデル　141

は　行

パデ近似　43, 143
パラメータ平面法　169
　——の設計例　175

PI 制御　100
PID ゲインの集合　170
　相補感度制約を満たす——　172
PID 制御　51, 168
　——の設計　98, 100
PID 制御器　51
ピークゲイン　119, 152
ピーク時間　82
引き出し点　56
非最小位相系　84
非線形系　30, 45
非プロパー　33, 59
微分時間　51
微分制御　52
微分要素　19, 33
表
　減衰係数と極配置　86
　CHR 法の PID ゲインの調整則　53
　制御器の基本要素の伝達関数　50
　制御系の型と定常偏差　78
　制御対象の基本要素の伝達関数　44
　ブロック線図の描き方のルール　55

ブロック線図の等価変換　59
ラプラス変換の性質　17
ラプラス変換表　14
標準1次遅れ系　36, 83
標準2次遅れ系　37, 83, 156
比例ゲイン　51
比例制御　52
比例要素　44, 46

不安定　65
　――な極零点消去　70
　――な伝達関数　67
不安定極　169
不安定零点　169
フィードバック系の極　68
フィードバック結合　57
フィードバック制御　2
フィードバック補償　100
フィードフォワード制御　2
フーリエ変換　13
複素数　9
複素平面　9
部分的モデルマッチング法　102
部分分数展開　22
プロセス制御　5
　――のモデル　50
ブロック線図　4, 55
プロパー　33
　厳密に――　33

閉ループ　2
閉ループ伝達関数　57, 60
　4つの――　71
並列結合　56
ベクトル軌跡　112
ヘビサイドの展開定理　23
偏角　10

ボード線図　112
　――の作図　123
　――の目盛　116
ポジティブフィードバック　2, 58

ま　行

むだ時間による不安定化　137
むだ時間要素　18, 46, 48, 114, 120
無定位系　50

メーソンの公式　58

モード　23, 30
目標値　4
目標値応答　6, 62
　――の評価　150, 152
モデル誤差　140
モデル集合　141
モデルマッチング　100

や　行

有界　65
有理関数　22

ら　行

ラウス表／ラウス数列　91
ラウス・フルビッツの安定判別法　91
ラプラス変換　13
　――の性質　17
ラプラス変換表　14
ランプ応答　35
ランプ関数　16

ループ整形法　161

零点　32

ロバスト安定　144, 152
ロバスト安定解析　140
ロバスト安定条件　144
ロバスト安定制約　152
ロバスト安定余裕の評価　151
ロバスト性　7
　定常値の――　75
ロバスト制御系設計　140

著者略歴

佐伯正美（さえきまさみ）

1953 年　山口県に生まれる
1981 年　京都大学大学院工学研究科博士後期課程単位取得退学
　　　　 京都大学助手，筑波大学助教授を経て
現　在　広島大学大学院工学研究院教授
　　　　 工学博士

機械工学基礎課程
制　御　工　学
―古典制御からロバスト制御へ―

定価はカバーに表示

2013 年　3 月 25 日　初版第 1 刷
2019 年　2 月 20 日　　　 第 4 刷

著　者　佐　伯　正　美
発行者　朝　倉　誠　造
発行所　株式会社　朝　倉　書　店
　　　　東京都新宿区新小川町 6-29
　　　　郵便番号　162-8707
　　　　電　話　03（3260）0141
　　　　ＦＡＸ　03（3260）0180
　　　　http://www.asakura.co.jp

〈検印省略〉

© 2013〈無断複写・転載を禁ず〉　　　　Printed in Korea

ISBN 978-4-254-23791-7　C 3353

JCOPY ＜(社)出版者著作権管理機構 委託出版物＞

本書の無断複写は著作権法上での例外を除き禁じられています．複写される場合は，そのつど事前に，(社)出版者著作権管理機構（電話 03-3513-6969，FAX 03-3513-6979, e-mail: info@jcopy.or.jp）の許諾を得てください．

前京大 片山 徹著
新版 フィードバック制御の基礎
20111-6 C3050　　A 5 判 240頁 本体3800円

1入力1出力の線形時間システムのフィードバック制御を2自由度制御系やスミスのむだ時間も含めて解説。好評の旧版を一新。〔内容〕ラプラス変換／伝達関数／過渡応答と安定性／周波数応答／フィードバック制御系の特性・設計

元阪大 須田信英編著
システム制御情報ライブラリー6
Ｐ Ｉ Ｄ 制 御
20966-2 C3350　　A 5 判 208頁 本体3900円

PID（比例，積分，微分）制御は，現状では個別に操作されているが，本書はそれらをメーカーの実例を豊富に挿入して体系的に解説。〔内容〕PID制御の基礎／PID制御の調整／PID制御の実用化／2自由度PID制御／自動調整法／個別実際例

前工学院大 山本重彦・工学院大 加藤尚武著
PID制御の基礎と応用（第2版）
23110-6 C3053　　A 5 判 168頁 本体3300円

数式を自動制御を扱ううえでの便利な道具と見立て，数式・定理などの物理的意味を明確にしながら実践性を重視した記述。〔内容〕ラプラス変換と伝達関数／周波数特性／安定性／基本形／複合ループ／むだ時間補償／代表的プロセス制御／他

名大 大日方五郎編著
制 御 工 学
― 基礎からのステップアップ ―
23102-1 C3053　　A 5 判 184頁 本体2900円

大学や高専の機械系，電気系，制御系学科で初めて学ぶ学生向けの基礎事項と例題，演習問題に力点を置いた教科書。〔内容〕コントロールとは／伝達関数／過渡応答と周波数応答／安定性／フィードバック制御系の特性／コントローラの設計

津島高専 則次俊郎・岡山理科大 堂田周治郎・広島工大 西本 澄著
基 礎 制 御 工 学
23134-2 C3053　　A 5 判 192頁 本体2800円

古典制御を中心とした，制御工学の基礎を解説。〔内容〕制御工学とは／伝達関数／制御系の応答特性／制御系の安定性／PID制御／制御系の特性補償／制御理論の応用事例／さらに学ぶために／ラプラス変換の基礎

前熊本大 岩井善太・熊本大 石飛光章・有明高専 川崎義則著
基礎機械工学シリーズ3
制 御 工 学
23703-0 C3353　　A 5 判 184頁 本体3200円

例題とティータイムを豊富に挿入したセメスター対応教科書。〔内容〕制御工学を学ぶにあたって／モデル化と基本応答／安定性と制御系設計／状態方程式モデル／フィードバック制御系の設計／離散化とコンピュータ制御／制御工学の基礎数学

元阪大 須田信英著
エース機械工学シリーズ
エース 自 動 制 御
23684-2 C3353　　A 5 判 196頁 本体2900円

自動制御を本当に理解できるような様々な例題も含めた最新の教科書〔内容〕システムダイナミクス／伝達関数とシステムの応答／簡単なシステムの応答特性／内部安定な制御系の構成／定常偏差特性／フィードバック制御系の安定性／他

大工大 津村俊弘・関西大 前田 裕著
エース電気・電子・情報工学シリーズ
エース 制 御 工 学
22744-4 C3354　　A 5 判 160頁 本体2900円

具体例と演習問題も含めたセメスター制に対応したテキスト。〔内容〕制御工学概論／制御に用いる機器（比較部，制御部，出部力）／モデリング／連続制御系の解析と設計／離散時間系の解析と設計／自動制御の応用／付録（ラプラス変換，Z変換）

前東北大 竹田 宏・八戸工大 松坂知行・八戸工大 苫米地宣裕著
入門電気・電子工学シリーズ7
入 門 制 御 工 学
22817-5 C3354　　A 5 判 176頁 本体3000円

古典制御理論を中心に解説した，電気・電子系の学生，初心者に対する制御工学の入門書。制御系のCADソフトMATLABのコーナーを各所に設け，独習を通じて理解が深まるよう配慮し，具体的問題が解決できるよう，工夫した図を多用

九大 川邊武俊・前防衛大 金井喜美雄著
電気電子工学シリーズ11
制 御 工 学
22906-6 C3354　　A 5 判 160頁 本体2600円

制御工学を基礎からていねいに解説した教科書。〔内容〕システムの制御／線形時不変システムと線形常微分方程式，伝達関数／システムの結合とブロック図／線形時不変システムの安定性，周波数応答／フィードバック制御系の設計技術／他

上記価格（税別）は 2019 年 1月現在